AF906203

Ihr Hobby

# Piranhas

Hans Gonella

bede bei Ulmer

# INHALTSVERZEICHNIS



© Copyright der englischen Originalausgabe T.F.H. Publishing Inc., Neptune, N.J.
Fachliche Durchsicht: Dr. Wiebke Servais, Herten, Dr. Jürgen Schmidt, Ruhmannsfelden.
Besonderer Dank für die Bereitstellung von Fotomaterial geht an Aqualife und Aquamagazine, beide Japan.

**Bildquellen**
Titelfoto: JUNIORS / Juniors Tierbildarchiv
Teile der Bebilderung sind mit Genehmigung des Verlags aus dem Buch „Breeding Aquarium Fish", T.F.H. Publishing inc., New Jersey, USA, entnommen.
Alle Fotos stammen von Hans Gonella, außer am jeweiligen Foto vermerkt: Aqualife, Aquamagazine, Hiroshi Azuma, Raymond Salathé und Archiv bede-Verlag.

Die in diesem Buch enthaltenen Empfehlungen und Angaben sind vom Autor mit größter Sorgfalt zusammengestellt und geprüft worden. Eine Garantie für die Richtigkeit der Angaben kann aber nicht gegeben werden. Autor und Verlag übernehmen keinerlei Haftung für Schäden und Unfälle.

**Bibliografische Information der Deutschen Nationalbibliothek**
Die Deutsche Nationalbibliothek verzeichnet diese Publikation in der Deutschen Nationalbibliografie; detaillierte bibliografische Daten sind im Internet über http://dnb.d-nb.de abrufbar.

Das Werk einschließlich aller seiner Teile ist urheberrechtlich geschützt. Jede Verwertung außerhalb der engen Grenzen des Urheberrechtsgesetzes ist ohne Zustimmung des Verlages unzulässig und strafbar. Das gilt insbesondere für Vervielfältigungen, Übersetzungen, Mikroverfilmungen und die Einspeicherung und Verarbeitung in elektronischen Systemen.

© 1992, 2010, Eugen Ulmer KG
Wollgrasweg 41, 70599 Stuttgart (Hohenheim)
E-Mail: info@ulmer.de
Internet: www.ulmer.de
Umschlaggestaltung: Sojus Design, Kai Twelbeck, Stuttgart
Druck und Bindung: Westermann Druck, Zwickau
Printed in Germany

**ISBN 978-3-8001-6754-8**

Die Piranhas nehmen in der Aquaristik eine besondere Stellung ein. Keine andere Fischart vermag soviel Aufmerksamkeit auf sich zu ziehen und zugleich so unterschiedliche Reaktionen auszulösen. Welche Urteile auch immer über die Wesenszüge der Piranhas gefällt werden, in den meisten Fällen glauben die Betrachter, daß sie es in irgendeiner Form mit blutdürstenden Killerfischen zu tun haben. Genau genommen sind die Piranhas sensible Tiere, die sehr empfindsam auf Umwelteinflüsse reagieren. Wahrscheinlich basieren fast alle Unfälle in freier Wildbahn auf der Unachtsamkeit der betroffenen Personen. Bestimmt verursachen die Piranhas weit weniger Zwischenfälle, als zum Beispiel einige Riffbewohner der Weltmeere,

**TIP: Sicher sind die Piranhas im Vergleich mit anderen Fischarten nicht harmlos, doch stellen sie keinesfalls jene unberechenbaren Bestien dar, für die sie im Allgemeinen gehalten werden.**

*Die bei den Piranhas hinter den Lippenhäuten verborgenen Zähne wirken überaus furchteinflößend. Deshalb ist man nur allzugerne geneigt zu glauben, es mit einer äußerst gefährlichen Tierart zu tun zu haben. Allerdings sind die Piranhas noch lange nicht so blutdürstig wie allgemein angenommen wird. Foto: Aquamagazine*

mit denen Taucher in Berührung kommen können. Tatsächlich haben die meisten sogenannten Piranhaopfer vor ihrem „Kontakt" mit Piranhas den Ertrinkungstod erlitten. Zudem können keine verläßlichen Zahlen über die genaue Anzahl von Piranhaopfern Auskunft darüber geben, wie gefährlich die Fische sind, da solche schlechthin nicht existieren. Nachgewiesen ist aber, daß sich zuweilen Personen – die sich regelmäßig in und am Wasser aufhalten – unbedeutende Bißwunden zugezogen haben. Die Anzahl der Unfälle ist aber auf die Gesamtzahl von den ungefährlich verlaufenden Mensch-Piranha-Kontakten, als verschwindend klein einzustufen.

Obschon die Piranhas weitaus weniger gefährlich sind, als man ihnen nachsagt; einige Sicherheitsmaßnahmen für die Pflege im Aquarium gilt es dennoch zu beachten. Doch mit den nötigen Vorkenntnissen wird auch ein unerfahrener Piranhapfleger keine unangenehmen Erfahrungen machen. Selbstverständlich darf man aber nie vergessen, daß es sich bei Piranhas nicht um „Schoßhündchen" handelt, sondern um Wildtiere mit ganz bestimmten Anforderungen an ihre Umwelt sowie auch an die verantwortungsvolle Handlungsweise ihrer Pfleger. Vielleicht macht dies unter anderem die Faszination aus, die von den Piranhas ausgeht.

Bestimmt ist der Ruf – der mit den Piranhas einhergeht – mitunter der Grund dafür, daß sie für viele Leute so interessant erscheinen. Doch dürfen die Piranhas nicht nur deswegen im Aquarium gehalten werden. Viel eher sollten die hohen Anforderungen an den Pfleger ein Ansporn sein, diese außergewöhnlichen Fische im Aquarium zu pflegen. Wichtig zu wissen ist: Wer Piranhas erfolgreich pflegen möchte, der muß bereit sein, den Tieren ein Höchstmaß an Zuwendung entgegenzubringen. Die Bereitschaft des Pflegers auf seine Piranhas einzugehen ist schon bei den Jungfischen gefordert und wird mit zunehmendem Alter der Fische eher noch zunehmen müssen.

Bei entsprechender Pflege werden die Piranhas viel Freude bereiten und bald einmal wird nicht mehr der Pflegeaufwand im Vordergrund stehen, sondern die Beziehung, die man mit diesen interessanten Fischen aufbauen kann. So gesehen sind die Piranhas die wunderbarsten Aquarienfische, die man sich vorstellen kann. Auch dürfen selbstgemachte Erfahrungen nicht außer acht gelassen werden, denn es werden immer wieder Situationen auftreten, die vielleicht nicht in einem Buch beschrieben sind. Es empfiehlt sich daher, erst einmal das vorliegende Buch gewissenhaft zu studieren, bevor man zur Piranhapflege übergeht. Vielleicht erwächst daraus ja auch noch das Interesse, das eine oder andere Werk zu diesem Thema zu lesen und die Aussagen miteinander zu vergleichen. Eines kann man nämlich schon im voraus behaupten, die Auseinandersetzung mit einem Lebewesen ist keine vorausberechenbare Sache.

**TIP: Sie benötigen für die Pflege von Piranhas einiges an Vorkenntnissen, um im Nachhinein keine Enttäuschungen zu erleben.**

# Die Legende vom blutgierigen Piranha

*Hin und wieder kann es vorkommen, daß die Piranhas an der Angel zappelnde Fische als verletzte oder kranke Beutetiere betrachten und angreifen. Foto: Aquamagazine*

Der schlechte Ruf der Piranhas ist bei weitem keine Erfindung aus unserer Zeit. Erste Berichte von blutgierigen Fischen, damit wären die Piranhas gemeint, sind schon seit Mitte des 16. Jahrhunderts bekannt. In der Zeit also, als die Konquistadoren das Amazonasgebiet auf der Suche nach dem sagenhaften Goldland „Eldorado“ durchforschten. Womöglich war dies die Geburtsstunde einer Legende, wie sie heutzutage wahrscheinlich kaum mehr mit jener Durchsetzungskraft zustande käme. Aufgrund des damaligen Weltbilds erstaunt es aber nicht, daß relativ kleine Fische, die für den Menschen gefährlich werden können, für die Eroberer eine schreckliche Vorstellung waren.

Die Legende von der unerschöpflichen Gier der Piranhas nach Blut wurde bereits Ende des 16. Jahrhunderts durch Hörensagen geprägt und hat sich bis zum heutigen Tage gehalten. Selbst heutzutage formen die modernen Medien wie Zeitungen, Zeitschriften und allen voran das Fernsehen, das Erscheinungsbild der mutmaßlichen Bestien. Aus bisweilen unverständlichen Gründen werden zeitweise immer noch Geschichten, wie Piranhas Menschen attackieren, auffallend herausgehoben. Wie es aber dazu kam, bleibt meist im Verborgenen oder ist mit Spekulationen verbunden. Auch bleibt oft die wirkliche Tragweite einer Bißverletzung im Unklaren. Besonders attraktiv für die Berichterstattung ist es auch, wenn im Fernsehen gezeigt werden kann, wie bei lebendigem Leibe ein Wasserschwein von Piranhas gierig aufgefressen wird. Wo und unter welchen Umständen diese Filmaufnahmen zustande kamen, wird den Zuschauern in vielen Fällen nicht demonstriert. Mit Sicherheit zeigen solche Szenen extreme Situationen, wie sie zum Beispiel in der Trockenzeit vorkommen, wenn Piranhas in einem Kleinstgewässer eingeschlossen leben müssen. Auch wird bei diesen Bildern schnell vergessen, wie viele Wildtiere tagtäglich unbehelligt die Gewässer Amazoniens durchqueren.

Die tiefverwurzelte, traditionelle Angst vor den blutgierigen Bestien ist der Grund dafür, daß auch heutzutage die Allgemeinheit ein völlig falsches Bild von den Piranhas hat. Interessant nicht wahr – vielleicht sollte man es ja dabei belassen, so daß wir uns auch in Zukunft noch an einer Jahrhunderte alten Legende „erfreuen“ können.

### Der Piranha zwischen Fantasie und Wirklichkeit

In der Vorstellung der meisten Europäer zählen die Piranhas zu den gefährlichsten Fischen überhaupt. So ist von blutgierigen Killerfischen die Rede, von Bestien die in Scharen selbst über Menschen herfallen und diese in Windeseile skelettieren. Neben dem Hörensagen hinterließen natürlich Unterhaltungsfilme, in denen Piranhas als wahre

Tötungsmaschinen dargestellt werden, den größten Eindruck. Ein Schauer durchfließt die Zuschauer, wenn die vermeintlich seelenlosen Wesen blitzschnell durch das Wasser schießen, um zielstrebig und gnadenlos alles zu verfolgen was sich im Wasser bewegt. Dem Unterhaltungswert der Filme ist somit genüge getan. Über die wahren Wesenszüge der Piranhas sagen diese jedoch überhaupt nichts aus. Die Piranhas können an dichter besiedelten Orten ihrer Vorkommensbebiete für die dort lebenden Menschen zum Problem werden. Vor allem aggressivere Piranhaarten können bei großer Populationsdichte und einem in den Gewässern zeitweilig auftretenden Nahrungsmangel eine Gefahrenquelle darstellen. Gefährdet wären verletzte oder sonstwie geschwächte Tiere und Menschen, die aus irgendwelchen Gründen ins Wasser geraten. Die stellenweise bedenkenlose Abfallbeseitigung in die Gewässer fördert zudem die Populationsdichte und macht mögliche Probleme nur noch größer. Eine echte Angriffsgefahr besteht jedoch nur bei völlig ausgehungerten Piranhas, die beispielsweise in kleineren Randseen, die neben den Flüssen entstehen können, eingeschlossen werden. Solange jedoch als natürliche Nahrungsquelle genügend Fisch vorhanden ist, werden die Piranhas niemals ein Objekt angreifen, das größer als sie selbst ist. Trotz aller Angst vor dem „Menschenfresser" – der keiner ist, Tatsache bleibt, daß den Piranhas in erster Linie verwundete, geschwächte oder kranke Fische zum Opfer fallen. Überhaupt ist die Grenze vom Schmarotzer, der anderen Fischarten Schuppen oder Flossenteile abtrotzt, hin zum echten Raubfisch oder Aasfresser bei den verschiedenen Piranhaarten fließend zu betrachten. Ein Piranha ist also nicht gleich ein Piranha. Viele Piranhaarten sind eher scheue und wenig angriffsfreudige Fische. Die noch mit der Natur in Einklang lebende südamerikanische Bevölkerung in Piranhagebieten ist am besten geeignet, die Piranhas im richtigen Bild erscheinen zu lassen. Täglich arbeiten viele Leute im und am Wasser und die Kinder baden fröhlich an den Flußufern, ohne Furcht vor möglichen Piranhaangriffen. Die Leute wissen genau wann und wo der Aufenthalt im Wasser echte Gefahren in sich birgt. Die Wahrheit über die schillernden Jäger ist wohl irgendwo in der Mitte zu suchen. Nämlich zwischen den bekannten Schauerberichten und jenen Aussagen, welche die Piranhas als absolut harmlos darstellen möchten. Von den Piranhas gehen nicht mehr und nicht weniger Gefahren aus, als von anderen vergleichbaren Wildtieren. So gesehen haben sie ihren schlechten Ruf in keiner Art und Weise verdient. Jeder Aquarianer – der Piranhas pflegt – wird mit der Zeit ihre wirklichen Wesenszüge erkennen. Die aus der Pflege gewonnenen Erkenntnisse sind am besten geeignet, die eindrucksvollen Fische in einem besseren Licht erscheinen zu lassen.

### Ein Fisch mit einer wichtigen natürlichen Aufgabe

Die Piranhas erfüllen eine wichtige Aufgabe, um seuchenartige Fischkrankheiten in ihren Heimatgewässern einzudämmen. Desweiteren vermeiden sie Verunreinigungen des Wassers durch flußabwärts treibende Tierkadaver. In ihren Heimatgewässern nehmen die Piranhas eine ähnliche Stellung wie die Geier in den Savannen Afrikas ein. Die Fähigkeit der Piranhas, auch Aas zu verwerten, verhindert durch die ansonsten schnell eintretende Verwesung der Tierleichen gefährliche Seuchenherde. Ohne die von den Piranhas wahrgenommene Stellung als Gesundheitspolizei wären viele Gebiete am Amazonas übel-

riechende Kloaken. Infolgedessen könnten sich Krankheiten ungehindert ausbreiten. Vielleicht brachte deshalb die „Entwicklungsgeschichte“ diese in ihrer Heimat überaus nützlichen Geschöpfe hervor. Selbstverständlich ist das nur ein Teilaspekt für die Existenz der Piranhas. Für eine dermaßen fischreiche Region der Erde ist es ebenso logisch, einen erfolgreichen Raubfisch, der sich hauptsächlich von Fischen ernährt, hervorzubringen.
Die kurzen, eben erfolgten Ausführungen dürfen auch nicht darüber hinwegtäuschen, daß man es im Prinzip bei den Piranhas mit „normalen“ Aquarienfischen zu tun hat. In einem Aquarium gelten eigene Gesetzmäßigkeiten, die nicht einmal ohne weiteres mit der extremen Situation einer in einem Kleinstgewässer eingeschlossenen Gruppe Piranhas verglichen werden kann. Demzufolge besteht auch kein Grund, die Piranhas zu mystifizieren und in ihnen etwas zu sehen, das sie nicht in der Lage sind zu erfüllen.

**Die Verbreitungsgebiete der Piranhas**
Das natürliche Verbreitungsgebiet der Piranhas umfaßt die gewaltigen Stromsysteme Südamerikas. Am bekanntesten ist natürlich der Amazonas mit seinen unzähligen Zu- und Nebenflüssen. Daneben bilden das Einzugsgebiet des Orinoko sowie die brasilianischen Fluß- respektive Stromgebiete, wie der Rio Sao Francisco, Rio Parana und Rio Paraguay wichtige Verbreitungsgebiete. Selbst im Pantanal kommen noch Piranhas vor. Neben Brasilien finden sie sich noch in Kolumbien, Venezuela, Peru und anderen Staaten Südamerikas, wie Bolivien zum Beispiel im Fluß Abuna verschiedene Piranhaarten.
Der „Rote Piranha“, *Pygocentrus nattereri*, ist wohl die am weitesten verbreitete Art und wird auch aus Nachzuchten am häufigsten im Handel angeboten. Deshalb soll an dieser Stelle eines ihrer wichtigsten und

*Bilder, wie die hier gezeigte Aufnahme hinterlassen beim Betrachter einen falschen Eindruck. So können diesbezügliche Momentaufnahmen nicht nur Angst vor den Piranhas erzeugen, sondern sie sagen auch nichts darüber aus, unter welchen Bedingungen es zu einem Piranhaangriff gekommen ist. Wirklich gefährlich sind aber nur hungrige, zum Beispiel in Kleinstgewässern eingeschlossene Piranhas. Durch ein fehlendes Nahrungsangebot attackieren die ansonsten scheuen Fische auch größere Lebewesen, vor denen sie normal Angst haben. Foto: Aquamagazine*

zugleich interessantesten Vorkommensgebiete, nämlich Amazonien kurz betrachtet werden. Gleich zu Beginn soll der Begriff Tropenwasser eine kleine Korrektur erfahren. In der Allgemeinheit gilt Tropenwasser als äußerst weich mit einem niedrigen pH-Wert. Tropenwasser ist jedoch nicht gleich Tropenwasser. Die vielen Nebenflüsse des Amazonas führen Wasser mit der unterschiedlichsten Beschaffenheit mit sich. Mitunter werden auch Wasserwerte verzeichnet, die erheblich von den nachfolgenden Richtwerten abweichen können, die in der Aquaristik aber kaum Bedeutung haben. In den Amazonas gelangen Weißwasser, Schwarzwasser sowie ziemlich durchsichtiges Klarwasser, allesamt verzeichnen sie eine sehr unterschiedliche Beschaffenheit. Die verschiedenen Wasserwerte variieren dabei von pH 3,8 bis 7,4 mit einer deutschen Gesamthärte von 6° bis 8° (in Extremfällen auch höher), davon liegt die Karbonathärte zwischen 1° bis 5°.

Die Piranhas findet man in den verschiedensten Regionen, deren Flüsse eine sehr unterschiedliche Wasserbeschaffenheit aufweisen. Dies erklärt vielleicht auch die relativ hohe Anpassungsfähigkeit der Piranhas.

Die Weißwasserflüsse mit ihrem milchig, trüben Wasser enthalten die meisten Piranhas. Die aus den Anden ausgewaschenen Schwebstoffe wie Lehme und Tone lassen stellenweise gerade noch eine Sichtweite von 20 cm zu. Das in diesen großen Mengen mitgeschwemmte Material verhindert zugleich die Sonneneinstrahlung. Schon in den oberen 10 cm Wassertiefe wird das Sonnenlicht um über die Hälfte absorbiert. In 30 bis 40 cm Wassertiefe bleibt gerade noch 10 % von der an der Oberfläche meßbaren Lichtmenge übrig. Deshalb wird die Entwicklung von tierischem und pflanzlichem Plankton und ebenso von höheren Wasserpflanzen in den lichtarmen Weißwasserflüssen verunmöglicht. Die Lebensgrundlage für die Fische ist unter diesen Umständen bei weitem nicht sichergestellt. Die Weißwasserflüsse ergäben eine eher lebensfeindliche Umgebung, wären da nicht die Randzonen an den Mittel- und Unterläufen. Hier setzen sich die Trübstoffe ab und das Flußwasser ist somit um ein Vielfaches klarer. In der Trockenzeit werden die Randzonen sogar zeitweise vom eigentlichen Fluß abgetrennt und bilden große Uferseen. In diesen sogenannten Randseen gedeihen höhere Wasserpflanzen und auch Plankton als Nahrung für die Fischbrut ist genügend vorhanden. In den planktonarmen Weißwasserflüssen befinden sich jedoch immer noch genügend, von Anflugfutter lebende Fische, die den erwachsenen Piranhas als Nahrung dienen. Auch in jenen Flußabschnitten, wo genügend Weißwasser zufließt, leben in den Mischwasserzonen viele Piranhas. Obwohl im Klarwasser ein enormer Fischreichtum herrscht, findet man dort eigenartigerweise eher selten Piranhas. Im Schwarzwasser leben ohnehin nur sehr wenige Tier-, wie auch Fischarten, demzufolge kommen auch kaum Piranhas vor.

Die für einen Raubfisch an und für sich untypische Körperform verrät, daß sich die Piranhas speziell an langsam fließende oder fast stehende Flußabschnitte mit zugleich schlechten Sichtverhältnissen angepaßt haben. Im Weiteren treten Piranhas auch in Lagunen und Randseen auf. Während der Trockenzeit bevölkern sie auch kleinere, stehende, stets vom Austrocknen bedrohte Kleinstgewässer. Zur Regenzeit öffnet sich ein neuer Lebensraum für die Fischwelt des Amazonas. Mit dem zunehmenden Anstieg der Flüsse entsteht eine außergewöhnliche Unterwasserwelt. Die Fische aus den Flüssen drängen in den überfluteten Wald und nehmen Besitz von

*In Klarwasserflüssen sind Piranhas eher selten anzutreffen. Zu ihren Hauptvorkommensgebieten gehören vor allem die trüben und lichtarmen Weißwasserflüsse oder die ebenfalls durch beschränkte Sichtweiten gekennzeichneten Mischwasserzonen. Foto: Aquamagazine*

jenem Lebensraum, der zuvor den waldbewohnenden Tieren Zuflucht bot. Von dieser Überschwemmungszone am Rande des Amazonas ergreifen auch die Piranhas Besitz und man nimmt an, daß sie hier auch mit Vorliebe ablaichen. Die fleischfressenden Piranhas profitieren zudem von der gegebenen Situation. Ihr Futterangebot erweitert sich aus den kranken oder unvorsichtigen Tieren, die ins Wasser fallen und ertrinken. Während dieser Zeit des Überflusses setzen die Fische dicke Fettpolster an, die sie in der nachfolgenden nahrungsärmeren Trockenzeit dringend benötigen. Man kann sagen, daß die Piranhas in ihren angestammten Gewässerabschnitten des Amazonasgebiets allgegenwärtig sind. Trotzdem kann es vorkommen, daß man kaum welche zu Gesicht bekommt. Junge Piranhas halten sich gerne in 1 bis 2 m Tiefe in Ufernähe auf. Vorzugsweise in sogenannten Fischschulen zusammengeschlossen versuchen sie sich auf diese Weise vor größeren Freßfeinden zu schützen. Größere Piranhas bevorzugen hingegen das tiefere Wasser, das aber keine Turbulenzen aufweisen darf.

Auch bei Fütterungsversuchen mit Fischresten wird man die kleineren und größeren Piranhaschwärme, bei den schlechten Sichtverhältnissen in den Flüssen, kaum zu Gesicht bekommen. Stets sind es nur einzelne Fische, die blitzschnell aus der Tiefe auftauchen, einen Futterbrocken erhaschen, um gleich wieder in den trüben Fluten zu verschwinden.

# Das Piranhaaquarium

*Eine Gruppe* Pygocentrus nattereri *im Aquarium. Foto: bede-Verlag*

Wer sich einmal entschlossen hat, ein Aquarium und Piranhas zu kaufen, der hat eine nicht zu unterschätzende Verantwortung übernommen. Die Pflege von Piranhas ist keine beliebige Freizeitbeschäftigung, sondern ist als Wildtierhaltung par excellence mit allen daraus entstehenden Konsequenzen anzusehen. Die erfolgreiche Pflege eines Piranhaaquariums verlangt deswegen bereits nach einem überdurchschnittlichen Interesse und Verständnis für besondere, natürliche Abläufe. Selbstverständlich darf auch die pure Freude an ungewöhnlichen Dingen beim Kauf eines Piranhaaquariums eine entsprechende Rolle spielen. Erst aber die strikte Einhaltung bestimmter Kriterien, die nachfolgend dargestellt werden, führen zu den gewünschten Ergebnissen. Erst technische Hilfsmittel wie Beleuchtung, Filter und Heizung ermöglichen es, vergleichbare Bedingungen wie in der Natur zu schaffen. Auch gilt es das Verhalten der Piranhas im Aquarium stets gut zu beobachten. Vergleicht man das wahrscheinlich natürliche Territorium, welches von einer Gruppe Piranhas beansprucht wird, mit den Verhältnissen im Aquarium, so können nur in beschränktem Maße definitive Schlüsse auf das allgemeine

**TIP: Ein Aquarium ist nichts anderes als ein künstlich hergestellter Lebensraum, der nach ökologischen Gesichtspunkten eingerichtet wird.**

Verhalten gezogen werden. Denn das Territorium in einem Flußsystem weist mit einiger Sicherheit eine beachtliche Größe auf, und ein Aquarium erfüllt gerade noch die Anforderungen eines begrenzten Lebensraums. Das heißt das Verhalten der Piranhas im Aquarium entspricht vielleicht einem Schwarm Tiere, die infolge der niederschlagsärmeren Periode in einem natürlichen Kleinstgewässer leben. Gerade deshalb werden die Verhaltensweisen der Piranhas einiges an – hoffentlich positiven – Überraschungen bereithalten. Erst eine der Art entsprechende Handlungsweise durch den Pfleger wird die Piranhas als problemlose Aquariumfische erscheinen lassen. Dafür ist auch die Auswahl der Technik, die Festlegung des zukünftigen Standorts und vieles mehr nicht zu überstürzen.

Fehler, die nach dem Einrichten korrigiert werden müssen, sind immer mit einem erheblichen Aufwand verbunden und schaden vor allem den Piranhas. Zwei Dinge gilt es vor dem Kauf zu beachten. Nämlich was soll gekauft werden und wo wird der Kauf getätigt? Um den zweiten Punkt gleich vorwegzunehmen, ein Kauf in einem ausgewiesenen Fachgeschäft bietet bessere Voraussetzungen für das Geld auch etwas Reelles zu bekommen. Noch wichtiger ist aber das Vertrauensverhältnis, das mit dem „Verkäufer" aufgebaut werden kann.

**NIE VERGESSEN:** **Kein Buch der Welt kann die seriöse Unterstützung durch den Fachhändler ersetzen.**

### Das richtige Aquarium

Die Aquariumgröße ist gewissermaßen vom Alter und von der Anzahl der Piranhas abhängig. Selbstverständlich könnten in einem 100 Liter-Aquarium zwei bis vier Jungpiranhas gepflegt werden. Im Erwachsenenalter bietet dieses Raumangebot aber kaum Platz für ein einzelnes Exemplar. Leider ist diese Form von „Piranhapflege" immer wieder anzutreffen. Die Folge des mangelhaften Platzangebots ist dann auch immer dieselbe. Nach einiger Zeit, vielfach schon nach wenigen Monaten, hat sich der stärkste Fisch seinen Raumbedarf selbst geschaffen. Dafür mußte er aber alle seine Artgenossen beseitigen. Nun lebt das übriggebliebene Tier alleine, was seinen natürlichen Bedürf-

**Noch ein Tip:** **Bevor Sie sich Piranhas anschaffen müssen Sie unbedingt Gespräche mit anderen Privatleuten führen, die ebenfalls Piranhas pflegen, um an deren Erfahrungen teilzuhaben.**

*Ein mit dem Kescher gefangenes Jungtier von* Serrasalmus rhombeus. *Gut ist die typische Jugendfärbung des Fischs zu erkennen. Foto: Aquamagazine*

nissen – nämlich denen eines Schwarmfischs – ganz und gar nicht entspricht. Ebenso ist die Vergesellschaftung von Piranhas mit anderen Fischarten in einem 100 Liter-Aquarium unvorstellbar. Zugegebenermaßen kann ein kleinerer Schwarm von Jungpiranhas über einen gewissen Zeitraum gut in einem 150 Liter-Aquarium aufgezogen werden. Mit zunehmendem Alter genügen diese Platzverhältnisse aber nicht mehr. Das kann sich durchaus durch gegenseitiges Attackieren bemerkbar machen. Spätestens bei vermehrt auftretenden Auseinandersetzungen müssen die, eine beachtliche Größe erreichenden, Piranhas in ein geräumigeres Aquarium umgesiedelt werden. Die Angewöhnung größerer Piranhas an eine neue Umgebung ist aber nicht unproblematisch. So gilt es für die Fische womöglich die soziale Ordnung wieder neu festzulegen, neue Verstecke im Aquarium zu suchen und diese auch gegen Widersacher zu verteidigen. Desweiteren müssen sich die Piranhas an die allenfalls leicht veränderten Wasserwerte anpassen. Im schlimmsten Falle können die Kontrahenten bei Auseinandersetzungen ernsthafte Verletzungen erleiden. Selbst eine Schädigung, die zum Tode führen kann, ist nie ganz auszuschließen. Obwohl die Piranhas im Allgemeinen friedlich miteinander leben und keine echten Reviere außerhalb der Paarung abstecken, so kann man sie auch nicht zu den typischen Schwarmfischen zählen. Zumindest im Aquarium zeigen sie oft Verhaltensweisen, die zwischen jenen von Einzelgängern und jenen von eigentlichen Schwarmfischen liegen. Zum einen wird der offene Schwimmraum gerne und oft gemeinsam genutzt und zugleich ist zu beobachten, daß sie bei vermeintlicher Gefahr immer dieselben Verstecke aufsuchen. In Zoologischen Gärten, die sich jeder Piranhahalter als Vorbild nehmen sollte, werden Piranhas meist in 5.000 bis 15.000 Liter-Aquarien gehalten. Je nach Aquariengröße zählt der Bestand zwischen zehn und 40 Fischen. Die eben genannten Größenverhältnisse stehen natürlich für Heimaquarien kaum zur Diskussion. Dies bedeutet aber nicht, daß die Piranhapflege für Privatpersonen auszuschließen ist. Ganz im Gegenteil, denn auch in Aquarien mit geringerer Größe können kleinere Piranhaschwärme gut gepflegt werden. Wie es die privaten Raumbedingungen auch immer zulassen, sollte man sich auf jeden Fall für das größtmöglichste Aquarium entscheiden. Auch wenn ein großräumiges Aquarium zunächst mit mehr Kosten verbunden ist, so wird es später dazu beitragen, viel Ärger zu vermeiden. Schlußendlich darf ein Aquarium nicht Gegenstand eines Spontaneinkaufs sein, sondern ist und bleibt eine Investition in einen zukünftigen Lebensraum für Fische. Für das Heimaquarium sind Volumen ab circa 300 Litern empfehlenswert. Wobei bei den Abmessungen eher auf eine genügend große Bodenfläche, als auf die Höhe des Aquariums zu achten ist. Absolute Ideal-Verhältnisse für einen Schwarm von acht Piranhas wäre ein Aquarium mit 500 bis 700 Liter Fassungsvermögen. Dies ergäbe als Faustregel beinahe die Formel, daß pro erwachsenem Fisch, 100 Liter Wasser zur Verfügung stehen sollten. Aus begreiflichen Gründen darf bei kleineren Aquarien die Wassermenge pro Fisch auch etwas unterschritten werden. Beispielsweise wäre ein 300 Liter Aquarium für fünf bis acht Piranhas gerade noch ein vertretbarer Kom-

**TIP:** **Selbst wenn alles gut verläuft, führt eine Umsiedlung zu unnötigen Streßsituationen. Deshalb ist es von Vorteil, wenn gleich zu Beginn ein ausreichend großes Aquarium angeschafft wird.**

*Piranhas eignen sich hervorragend für die Pflege in Pflanzenaquarien. Foto: bede-Verlag*

promiß. Da das Schwarmbildungsverhalten mit zunehmendem Alter der Piranhas einen etwas geringeren Stellenwert bekommt, kann die in der allgemeinen Aquarienliteratur angegebene Mindestanzahl von acht Fischen bei Schwarmfischen, wenn nötig, auch um ein bis zwei Fische geringer sein. Da die Jungfische generell eine relativ hohe, natürliche Sterblichkeitsrate aufweisen, sind beim Kauf eines Schwarms, zwei oder je nach Aquariumgröße mehr Fische überzählig zu erwerben. Diese Empfehlung widerspricht zwar den vorhin erwähnten Kriterien, beinhaltet aber immer noch eine bessere Lösung, als später neue Tiere einzukaufen und diese dann dem alteingesessenen Bestand beifügen zu wollen. Damit verhindert man unnötige Auseinandersetzungen zwischen den „alteingesessenen" Piranhas und den „Neuerwerbungen". Letztere sind wegen ihrer meist geringeren Körpergröße ohnehin im Nachteil.

### Standort des Aquariums

Im vorliegenden Buch wird man immer wieder Hinweise vorfinden, die auf die sensible Natur der Piranhas aufmerksam machen. Aus dem Grund ist auch speziell auf den richtigen Standort des Piranhaaquariums zu achten.
Die Belastbarkeit der Fußböden ist ebenfalls ein Kriterium, das es zu beachten gilt. Je nach Konstruktionsweise und der verwendeten Materialien des Fußbodens müssen schon ab 200 l-Aquarien Überlegungen zur Belastbarkeit angestellt werden. Dies

gilt vor allem bei Holzfußböden, die nicht selten eine sehr begrenzte Tragfähigkeit aufweisen. Auf jeden Fall muß das Aquarium auf zwei Trägerbalken zu liegen kommen, damit sich die darüberliegenden Holzbohlen nicht durchbiegen können. Natürlich gilt es auch bei Betonfußböden abzuklären, ob die Tragfähigkeit für das vorgesehene Aquarium ausreichend ist. Bei normalen Betonfußböden stellt sich die Frage nach der Tragfähigkeit ab etwa 300 bis 500 l Aquariuminhalt. Zudem spielt das Gewicht der umliegenden Wohnraumeinrichtung für die Gewichtsberechnung eine Rolle. Im Zweifelsfalle ist ein ausgewiesener Fachmann (wie ein Ingenieur) beizuziehen. Vorzugsweise werden sehr große Aquarien an eine tragende Wand des Wohnraums gestellt, da dort in der Regel die Belastbarkeit der Fußböden am größten ist. Im weiteren reduzieren sich nahe der Wand auch die in den Fußböden auftretenden Vibrationen. Solche Erschütterungen, die beispielsweise die durch das Zimmer schreitende Personen verursachen, werden von den Piranhas wahrgenommen und können sie unter Umständen in Panik versetzen. Dies ist mitunter ein Grund, weshalb auch auf Aquarien als Raumteiler verzichtet werden sollte. Außerdem ist es in einem Aquarium, das als Raumteiler angelegt wird, sehr schwierig, geeignete Verstecke aufzubauen, die den scheuen Piranhas ausreichend Schutz bieten. In einem ungenügend eingerichteten Aquarium finden die Piranhas ein mangelhaftes Vertrauen in ihre Umgebung, was sie nicht selten mit einer erhöhten Aggressivität beantworten.

Obschon natürliches Sonnenlicht durch nichts zu ersetzen ist, sollte das Aquarium in einem möglichst großen Abstand zum Fenster hin aufgestellt werden; denn zuviel an Sonne fördert das Wachstum von Grünalgen. Bei zuwenig Licht ist die Beleuchtungsdauer einfach anzuheben. Für das Algenwachstum ist vor allem die Mittagssonne förderlich. Eine Stunde Morgen- oder Abendsonne hat dagegen eher positive Einwirkungen auf das Pflanzenwachstum. Das Umfeld im Wohnraum ist für die Piranhapflege ein wichtiges Kriterium. So können neben dem Aquarium stehende Fernseher, Musikboxen oder helle Beleuchtungskörper und ähnliches, den von Natur aus schon nervösen Fischen schwer zu schaffen machen. Selbst zeitweilig vor dem Piranhaaquarium herumtollende Kinder können die Fische in große Unruhe versetzen. Ein idealer Standort ist eine Wohnzimmerecke. Mit einer Sitzgruppe kann man das Aquarium etwas vom häuslichen Geschehen abschirmen und zudem besteht so die Möglichkeit, das Verhalten der Piranhas zu beobachten. Ebenfalls benötigen die Piranhas eine richtige Nachtruhe. Das heißt, Spätheimkehrer dürfen die schlafenden Piranhas nicht durch hektische Manipulationen vor dem Aquarium erschrecken. Die Folge wären auch hier in Unruhe geratende Fische, was wiederum Nachteile auf ihr innerartliches Verhalten haben könnte. Aus einigen Berichten ist zu entnehmen, daß Piranhas auch hin und wieder über die Wasseroberfläche springen. Da dies zugegebenermaßen nie ganz auszuschließen ist, darf auf die Verwendung einer Abdeckung über dem Aquarium nicht verzichtet werden.

### Die Aquariumtechnik

Die Wahl der geeigneten Aquariumtechnik richtet sich in erster Linie nach den an sie gestellten Anforderungen. Das heißt, die Auswahl der Technik ist unter anderem von der Aquariumgröße, Anzahl zu pflegender Piranhas, Pflegeweise und in gewisser Hinsicht auch dem Zusammenspiel der einzelnen technischen Elemente abhängig. Bewußt wird in diesem Buch auf die Nennung von Produktnamen verzichtet. Jedoch werden bewährte technische Hilfsmittel vom Typ und Funktion her erklärt, um bei der Entscheidung zur Anschaffung der notwendigen Technik behilflich zu sein. Bereits die örtliche Trinkwasserbeschaffenheit kann sehr unterschiedliche Anforderungen an die Technik stellen. Darum ist es wichtig, einen vertrauenswürdigen Händler aufzusuchen. Preisvergleiche und Gegenüberstellungen von Leistungsangaben der einzelnen, auf dem Markt befindlichen Produkte, sind die ersten Schritte, um die geeignete Aquariumtechnik zu ermitteln. Hin und wieder bestehen nämlich beim Preis-Leistungsverhältnis erhebliche Unterschiede. Auf jeden Fall ist bei der Technik nicht zu sparen, erst ein gutes und leistungsfähiges Produkt vermag den gestellten Anforderungen genüge zu leisten. Eine verläßliche Funktionstüchtigkeit der Produkte ist ebenfalls sehr wichtig. Zudem ist auf die zu erwartenden Wartungsaufwendungen zu achten. Nicht jeder Filtertyp ist gleich gut zu reinigen.

Zudem kann nie hinreichend auf die Gefahr hingewiesen werden, die von der Elektrizität in Verbindung mit einem möglichen Wasserkontakt ausgeht. So dürfen nur typengeprüfte Geräte in den Einsatz gelangen, die eigens für die Aquaristik hergestellt wurden. Ebenfalls ist es zu unterlassen, die Geräte eigenhändig zu reparieren oder an Strom führenden Teilen zu verändern. Einen zusätzlichen Schutz bieten Fehlerstrom-Schutzschalter, sogenannte Fl-Schalter. Die zwischen der Stromquelle und dem Gerät angebrachten Schutzschalter unterbrechen die Stromzufuhr bei auftretenden Defekten an stromführenden Teilen.

In erster Linie hat die Aquariumtechnik ein möglichst gleichbleibendes Aquariummilieu zu gewährleisten, so ist zumindest auf die Beleuchtung, Filter und Heizer nicht zu verzichten.

### Die Beleuchtung

Der Handel bietet viele für die Aquaristik geeignete Beleuchtungsarten an. Je nach Einsatzgebiet sind diese mehr oder weniger geeignet. Die künstliche Beleuchtung hat gegenüber dem natürlichen Sonnenlicht den Vorteil, daß vor allem den Pflanzen eine Lichtquelle zur Verfügung steht, welche die jahreszeitlich schwankenden Lichtverhältnisse in unseren

*Offene Piranhaaquarien sind einfacher zu beleuchten, doch verdunstet aus solchen Aquarien viel Wasser. Foto: bede-Verlag*

**TIP: Obwohl für die Piranhas eine Beleuchtung des Aquariums eine untergeordnete Rolle spielt, darf auf eine geeignete Lichtquelle nicht verzichtet werden. Erst eine Beleuchtung ermöglicht ein gutes Pflanzenwachstum, das sich positiv auf die Gesundhaltung der Fische auswirkt.**

*Dieses Exemplar zeigt eine von den Einheimischen als White-Piranha (Weißer Piranha) bezeichnete Art. Foto: Aquamagazine*

Breiten auszugleichen vermag. Eine gute Aquariumbeleuchtung dient in erster Linie dem Pflanzenwuchs. Die Piranhas verlangen allerdings nach stark gedämpften Lichtverhältnissen, da sie sehr scheu und überaus schreckhaft sind. Anhand des Verhaltens ist leicht abzuleiten, ob für die Piranhas die vorhandenen Lichtverhältnisse zu hell sind. Bei zu grellem Licht halten sich die Fische vor allem im Lichtschatten auf und meiden den hell beleuchteten Schwimmraum. Dazu zeigen sie ein höchst nervöses Verhalten. Nötigenfalls müssen im nachhinein Maßnahmen ergriffen werden, um den Fischen ihre angestammten Lichtansprüche zu gewährleisten. Hierfür kämen Abdeckscheiben aus „Milchglas“ infrage. Auch könnten Schwimmpflanzen oder ein Polster aus frei unter der Wasseroberfläche schwimmenden Wasserpflanzen denselben Effekt erzielen. Als Beleuchtung für ein Piranhaaquarium besitzen Leuchtstoffröhren die besten Eigenschaften. Die Leuchtstoffröhren gibt es in verschiedenen „Lichtfarben“ zu kaufen. In Kombination können je nach Bedarf Warmlicht-Tageslichtröhren oder sogenannte pflanzenwuchsfördernde Röhren eingesetzt werden. Allerdings ist im schwach zu beleuchtenden Piranhaaquarium ein artenreicher Pflanzenwuchs ohnehin auszuschließen. Statt eines möglichst verschiedenartigen Pflanzenwuchses sollte man sich auf langsamwachsende Pflanzenarten mit geringeren Lichtansprüchen beschränken. Mit der Zeit ergeben aber auch diese einen ansehnlichen Unterwassergarten. Ein weiterer Vorteil der Leuchtstoffröhren, im Volksmund oft auch Neonröhren genannt, liegt im günstigen Ankaufspreis sowie dem relativ geringen Stromverbrauch.

Als Beleuchtungskörper ist ein Produkt mit mindestens zwei Leuchtstoffröhren vorzusehen. Das bietet den Vorzug, daß abwechselnd im Abstand von mehreren Monaten jeweils nur eine Röhre ersetzt zu werden braucht. Damit wird ein abrupter Wechsel der auf das Aquarium einwirkende Leuchtkraft vermieden. Dies wirkt sich günstig auf das Pflanzenwachstum sowie auf das Verhalten der Piranhas aus. Wichtig ist vor allem eine regelmäßige Betriebsdauer der Beleuchtung. Pflanzen und Tiere gewöhnen sich an einen bestimmten Tagesrhythmus, was sich ganz allgemein auf ihr Wohlbefinden auswirkt. Deshalb ist die Beleuchtungsdauer vorzugsweise mit einer Schaltuhr zu regulieren. Bei schwachen Lichtverhältnissen darf die Beleuchtungsdauer auch etwas höher – als in der allgemeinen Aquarienliteratur angegeben – ausfallen. Je nach Wahl der Wasserpflanzenarten und Beleuchtungsintensität darf die Beleuchtungsdauer zehn bis vierzehn Stunden täglich betragen.

Bei der allgemein schwachen Beleuchtung im Piranhaaquarium gibt es für größere Aquarien eine echte Alternative, gemeint ist die punktuelle Beleuchtung eines Aquariumteils mit einem HQI- oder HQL-Strahler. Solange sich der hellbeleuchtete Teil nicht inmitten des Schwimmraums befindet, hat dies keinen Einfluß auf das Verhalten der Fische. Unter dem viel helleren Lichtkegel können auch Pflanzenarten wachsen, die ansonsten wenig Überlebenschancen hätten. Allerdings eignet sich der Einsatz eines Strahlers nur unter Zuhilfenahme eines Reflektors, der das Licht nicht zu breit streut. Andernfalls hätte diese Beleuchtungsart gerade jene Auswirkung, die im Piranhaaquarium unerwünscht ist. Da die schreckhaften Piranhas bei Störungen in der Nacht leicht in Panik geraten, könnte man in völlig abgedunkelten Räumen ein Nachtlicht über dem Aquarium anbringen. Eine kleine Sparlampe ist hierfür bereits geeignet. Obwohl die Piranhas sich auch bei totaler Dunkelheit orientieren können, hilft das schwache Licht, eine mögliche Verletzungsgefahr durch schnelles Davonschwimmen zu vermeiden.

### Die Filterung

Die Aufgabe eines Filtersystems ist es, das Aquariumwasser von Schwebstoffen zu befreien. Ebenso ist ein Filter für eine angemessene Strömung sowie für die regelmäßige Verteilung gleichtemperierten Wassers im Aquarium verantwortlich. Die Filterströmung erzeugt eine leichte Bewegung der Wasseroberfläche und ermöglicht es so, den Sauerstoffgehalt des Aquariumwassers zu regulieren. Speziell in den Nachtstunden, wenn die Pflanzen keinen Sauerstoff produzieren, vermeidet man somit die Gefahr eines akuten Sauerstoffmangels der Fische. Die Entscheidung für einen Filtertyp ist in gewisser Weise davon abhängig, welche Futtersorten den Piranhas später einmal angeboten werden. Bei der Verfütterung von kleineren Futterstücken, welche die Fische in einem Bissen aufnehmen können, hält sich die Verschmutzung des Aquariumwassers in Grenzen. In diesem Fall ist ein, bezüglich Leistung normal dimensionierter Filter vollends ausreichend. Dies schließt natürlich die regelmäßige Filterreinigung nicht aus. Besteht hingegen das Futter aus großen Stücken oder ganzen Fischen, die von den Piranhas selbst zerlegt werden, entsteht eine erhebliche Menge an Futterresten in Form von Schwebstoffen, deren Beseitigung nach einem sehr leistungsfähigen Filtersystem verlangt. Vor allem tierisches Eiweiß beeinträchtigt die Wassergüte extrem stark. Um die Filterleistung zu erhöhen kann ein sehr leistungsstarker Filter gute Dienste leisten. Es ist aber darauf zu achten, daß dabei keine zu starke Strömung im Aquarium entsteht. Als eine weitere Möglichkeit wäre der Einsatz von gleich zwei normal dimensionierten Filtersystemen denkbar. Diese könnten durchaus von unterschiedlicher Bauart sein. Zum Beispiel ein Innenfilter in Kombination mit einem Außenfilter. Ebenso effizient ist die Filterung mit einem unter dem Aquarium liegenden Mehrkammernsystem mit integriertem Rieselfilter. Ein Filter muß demzufolge von der Leistungsfähigkeit sowie Bauart her in der Lage sein, die großen anfallenden Mengen an organischen Abfallprodukten aufzufangen.

**TIP: Sollte die vom Filter an der Oberfläche erzeugte Strömung nicht genügend Sauerstoff in das Wasser einbringen, so ist am Filterauslauf ein sogenannter Diffusor zu montieren; dieser erzeugt dann den gewünschten Sauerstoffeintrag.**

*Hier ist ein in der Nähe von Manaus gefangener* Serrasalmus elongatus *abgebildet. Diesem Fisch fehlt der ansonsten typische schwarze Fleck hinter den Kiemendeckeln. Die Piranhas sind in der Regel als sehr lichtscheue Fische einzustufen. Sie fühlen sich bei zu hohen Lichtintensitäten nicht sehr wohl. Deswegen sollte das Aquarium eher schwach beleuchtet werden. Ausgenommen sind Aquarien mit einem sehr dichten Pflanzenbewuchs, worin sich der Piranhaschwarm verstecken kann. Foto: Aquamagazine*

Dafür kommen nur sehr wenige Filtersysteme in Frage. Dies wären Topffilter, Innenfilter oder Rieselfilter.

Zu den Topffiltern gehören Systeme, die außerhalb des Aquariums stehen. Einleitung und Entnahme des Wassers erfolgten mittels zwei Schläuchen. Ein Vorteil der Topffilter ist, daß sie mit unterschiedlichen Filtermaterialien ausgerüstet werden können. Grobe Materialien für die mechanische Reinigung oder aber feine Materialien für den biologischen Abbau organischer Substanzen. Normalerweise werden beide Materialien etwa zu gleichgroßen Anteilen eingesetzt. Prinzipiell fassen die Bakterien zum Abbau organischer Abfallprodukte auf jedem Filtermedium Fuß. Feinporige Materialien sind jedoch dafür besonders zweckmäßig. Für die Ansiedlung geeigneter Bakterienkulturen braucht man sich nicht eigens zu bemühen. Nach etwa vier Wochen Filterlaufzeit beginnt die Entwicklung der Bakterienstämme wie von selbst.

Über einen ähnlichen Aufbau bezüglich der Filtermatierialien verfügen die Innenfilter. Zusätzlich werden aber bei diesen Systemen oftmals Schaumstoffe als Filtermaterialien eingesetzt. Hinsichtlich der Filtereigenschaften stehen die Schaumstoffe anderen Materialien in nichts nach. Der Vorteil der Innenfilter liegt bei ihrer etwas einfacher durchzuführenden Reinigung, da sie direkt von oben zugänglich sind. Doch stört die Innenfilterreinigung die Piranhas sehr! Die Leistungsfähigkeit von Innenfiltern ist mit jener von Topffiltern vergleichbar. Als nachteilig erweisen sie sich deshalb wegen ihres großen Platzbedarfs nur in kleineren Aquarien.

Für spezielle Filterungszwecke dienen gegebenenfalls mit Aktivkohle gefüllte Beutel. Hochwertige Aktivkohle erhält ihre bemerkenswerte Filterkraft durch die enorm große Oberfläche eines einzelnen Korns. Nur ein Gramm dieses Materials besitzt eine Oberfläche von circa 1000 $m^2$. Die Aktivkohle ist mit einem winzigen Schwamm vergleichbar, der zum Beispiel Medikamente gegen Fischkrankheiten oder Farbstoffe aus dem Wasser entfernt. Je nach Situation ist die Filterleistung der Aktivkohle nach zwei bis vier Monaten erschöpft. Das Nachlassen der Reinigungskraft ist bei ansteigender Gelbstichigkeit des Wassers gut erkennbar. Nötigenfalls kann jetzt die Kohle durch einen neuen Beutel ausgetauscht werden. Wird dies nicht gewünscht, dann kann sie im Filter belassen, weiterhin gute Dienste als biologisches Filtermaterial leisten.

Für große Aquarien besitzen die Rieselfilter besonders gute Eigenschaften. Bei diesen Systemen rieselt das Wasser, wie der Name schon besagt, über ein spezielles Filtermedium, das aus Kunstoffkugeln oder ähnlichem besteht. Durch eine ungehinderte Sauerstoffzufuhr in den Filterkörper wird die Tätigkeit der Bakterien unterstützt, was wiederum die Reinigungskraft erhöht. Unter Umständen muß bei den Rieselfiltern zusätzlich eine mechanische Reinigungsstufe vorgesehen werden. Diese kann zum Beispiel aus einer Lage Schaumstoff

bestehen, die bei sehr stark verschmutztem Aquariumwasser den Reinigungsgrad massiv erhöht. Bedingung ist jedoch, daß der Schaumstoff des Öfteren gereinigt wird.
Piranhas benötigen zwar eine leichte Strömung im Aquarium. Sollte diese jedoch zu stark sein, dann muß zum Wohlbefinden der Fische der Einlauf mit einem entsprechenden strömungsvermindernden Zubehörteil versehen werden. Diese Vorkehrung gilt vor allem bei kleineren Aquarien, die mit sehr leistungsfähigen Filtern ausgerüstet werden. Wie ein Filter möglichst schonend zu reinigen ist, wird im Abschnitt „Kontinuierliche Pflegemaßnahmen“ ausreichend beschrieben.

## Die Beheizung des Aquariums

Für Fische aus tropischen Gebieten ist die Beheizung des Aquariumwassers unerläßlich. Die Wassertemperatur muß jener aus den natürlichen Gewässern der Piranhas entsprechen. Der ideale Temperaturbereich für Piranhas liegt zwischen 25 und 27 °C.
Die artgerechte Wassertemperatur ist ein ausschlaggebender, lebenserhaltender Faktor. Deshalb muß diese laufend mit einem Thermometer überwacht werden. In erster Linie ist die optimale Wassertemperatur von der Heizleistung abhängig. Der Heizer ist der Aquariumgröße anzupassen und muß nahe des Filtereinlaufs montiert werden. Erst somit ist eine gleichmäßige Verteilung des erwärmten Wassers innerhalb des Aquariums gewährleistet. Bestens haben sich Regelheizer bewährt. Solche stabförmige Heizgeräte haben einen Regler, der es erlaubt, den Thermostat auf

*Die Aquarientechnik, hier ein Topfaußenfilter, sollte einerseits gut getarnt sein, muß aber andererseits leicht zugänglich sein. Foto: Raymond Salathé*

*Außenfilter des Piranha-Schauaquariums im Zoo Köln. Die einzelnen Schaumstoffmatten können nach Bedarf gesäubert werden. Foto: bede-Verlag*

*Aktivkohle wird vor allem dann eingesetzt, wenn eine permanente Wassertrübung vorliegt, oder wenn Medikamente sowie chemische Verunreinigungen aus dem Wasser entfernt werden müssen. Foto: bede-Verlag*

die erforderliche Temperatur einzustellen. Seit einiger Zeit bieten einzelne Herstellerfirmen auch Regelheizer mit eingebautem Überhitzungsschutz an. Wird beim Wasserwechsel vergessen, die Stromzufuhr zu unterbrechen, wird der Heizvorgang automatisch unterbrochen. Zu den besonders empfehlenswerten Heizungsvorrichtungen gehören Heizer, die bereits im Filter eingebaut sind. Dabei wird das Wasser schon in der Filterkammer erwärmt und hernach gleichmäßig im Aquarium verteilt. Ein weiterer Vorteil ist, daß der Heizer das Erscheinungsbild des Aquariums nicht beeinträchtigt. Der Fachhandel bietet auch Flächenheizer oder Heizkabel an. Letztere dürfen aber in Piranhaaquarien nicht verwendet werden. Zu leicht könnte ein Piranha beim Ausheben einer Laichmulde solch ein Kabel durchbeißen. Die Folgen wären für die Fische, wie möglicherweise auch für den Pfleger, katastrophal. Da die elektrisch betriebenen Heizer allesamt in direktem Kontakt zum Wasser stehen, ist ihre sachgemäße Installation sowie Handhabung, wie in der Gebrauchsanleitung beschrieben, einzuhalten. Erst dann werden sie gute und für den Pfleger ungefährliche Heizresultate erzielen. Bis zu einem gewissen Maße wird mit der Wassertemperatur auch der Aktivitätsgrad der Piranhas beeinflußt. Trotzdem – der erforderliche Temperaturbereich darf weder massiv unter- respektive überschritten werden. Ansonsten wäre eine erhebliche Gesundheitsschädigung der Piranhas zu erwarten. Bei einer Temperatur von 25 °C zeigen die Piranhas ein ruhigeres Verhalten. Auch gelangen sie somit weniger in Fortpflanzungsstimmung, was wiederum den Pflanzenwuchs schont.

**NIE VERGESSEN: Auch bei Regelheizern mit Überhitzungsschutz ist während des Wasserwechsels der Stecker aus der Steckdose zu ziehen.**

### Das Aquariumwasser

Der Körper aller Lebewesen besteht vorwiegend aus Wasser. Es ist in den Zellen und im Fettgewebe gebunden und übernimmt wichtige Lebensfunktionen. Zum Beispiel reguliert das Wasser die im Gewebe erforderliche Salzkonzentration und übernimmt zugleich die wichtigen Transportfunktionen innerhalb des Organismus. Letztendlich sind alle für das Leben entscheidenden chemischen Vorgänge an das Medium Wasser gebunden. Zudem beeinflußt bei den Fischen die Wassertemperatur maßgeblich die körpereigene Temperatur. Für die Fische ist auch ausschlaggebend, wieviel Salz das Wasser enthält, das heißt ob sie in Süß- oder Salzwasser leben. Die Meeresfische leben in einem Milieu, das um ein vielfaches salzreicher als ihr Körper ist. Daher verliert dieser laufend Wasser durch die Haut an die Umgebung. Die Folge ist logischerweise, daß die Meeresfische den Wasserverlust durch das Trinken ausgleichen müssen. Das überschüssige Salz wird hingegen über die Kiemen ausgeschieden. Bei den Süßwasserfischen verläuft die Versorgung des Wasserhaushalts

*Beim Anziehen der Angel wurde diesem Piranha in ungewollter Weise der Haken durch den Körper getrieben. Die Piranhas sind aber ansonsten sehr flinke Fische, dennoch wurde dieser seltene Zwischenfall diesem prächtigen Exemplar zum Verhängnis. Auch können sich die Piranhas in ihren trüben Heimatgewässern trotz schlechten Sichtverhälnissen hervorragend orientieren und lassen sich auch nicht ohne weiteres mit dem Kescher fangen. Foto: Aquamagazine*

im umgekehrten Sinne. Verglichen mit der Umgebung ist der Körper salzreicher. Das bedeutet, daß stets Wasser durch die Haut in den Körper strömt. Als Folge davon müssen die Süßwasserfische viel wasserreichen Harn ausscheiden, aber niemals trinken. Die wiederum benötigte Menge an Salz wird direkt durch die Kiemen aufgenommen.

Die starke Schleimschicht auf der Fischhaut sorgt ihrerseits dafür, daß nicht zu viel Wasser in den Körper eindringen kann. Diese Ausführungen zeigen auch, daß das Wasser für die Fische noch unmittelbarere Auswirkungen haben kann, als die Luft bei den Landlebewesen.

Jede Fischart hat sich im Laufe ihrer Entwicklungsgeschichte an den ihr angestammten Lebensraum angepaßt. Weil die Fische im direkten Kontakt zu ihrem nassen Element stehen, müssen die in der Natur vorkommenden Wasserwerte auch im Aquarium eingehalten werden. Die Wasserbeschaffenheit in den Ursprungsländern der Piranhas kann stark variieren. So besitzen beispielsweise Weißwasserflüsse einen pH-Wert zwischen 6,5 bis 7,5, mit einer Härte von etwa 6 bis 14 °dGH. Die Schwarzwasserflüsse hingegen weisen ein noch weicheres Wasser mit einem pH-Wert von 5 bis 7 auf. Da Piranhas sowohl im Weißwasser als auch in den Mischwasserzonen vorkommen, erklärt dies ihre Anpassungsfähigkeit an unterschiedlich hohe Wasserwerte. Für die Haltung empfehlen sich Werte zwischen pH 6,5 bis 7,0 und 5 bis 10 °dGH. Wobei in Einzelfällen auch schon Piranhas bei pH 7 bis 8,5 und bis 19 °dGH erfolgreich gehalten wurden. Die Wassertemperaturen in den tropischen Gewässern liegen fast ausnahmslos zwischen 26 und 30 °C, in extremen Fällen auch mal bis 35 °C. Die Temperaturschwankungen zwischen Tag und Nacht betragen dabei im Allgemeinen nur etwa 1 °C. Für die Piranhas im Aquarium sind solche hohen Temperaturen jedoch ungeeignet, denn zu hohe Temperaturen wirken sich nicht nur nachteilig auf den Sauerstoffgehalt im Wasser aus.

Zwei Dinge sind bezüglich des Aquariumwassers zusätzlich zu beachten. Erstens ergeben die kontinuierlichen Wasserwechsel die gewünschte Stabilität in der Wassergüte und als zweites ist unbedingt darauf zu achten, daß die Wasserbeschaffenheit, respektive die Wasserwerte stets „gleichbleibend" sein müssen.

# Aufbau und Unterhalt eines Piranhaaquariums

Die nun folgenden Darstellungen zum Aufbau und Unterhalt eines Piranhaaquariums sind wohl kaum in der Lage, alle Eventualitäten zu berücksichtigen. Jeder Piranhahalter wird natürlich den Pfleglingen seinen ganz persönlich gestalteten Lebensraum zur Verfügung stellen und durch sein Handeln auch sehr unterschiedliche Reaktionen auslösen. Der Ablauf der einzelnen Einrichtungs- und Unterhaltsphasen kann deshalb um einiges variieren. Dem Neueinsteiger wird die Beschreibung jedoch aufzeigen, was ihn in etwa erwarten könnte.

**Der Bodengrund**

Der Bodengrund hat weit mehr Funktionen zu erfüllen, als nur den Pflanzen Halt zu bieten. Zum einen dient er den Piranhas als Bestandteil ihres Lebensraums und bei der Fortpflanzung als Medium für das laichwillige Paar. Zum anderen unterstützt der Bodengrund auch den Selbstreinigungsprozeß im Aquarium. Das bedeutet, daß auch im Bodengrund Bakterien siedeln, die organische Abfallprodukte abbauen. Durch regelmäßiges Reinigen mit einer Mulmglocke bleibt der Bodengrund durchlässig, was wiederum den Bakterien zugute kommt.

Ebenfalls wird durch ein regelmäßiges Absaugen des Mulms die Bildung von Fäulnisherden vermieden. Ein Bodengrund darf niemals Erde oder ähnliches enthalten. Ansonsten würde dieser schon nach kurzer Zeit in Fäulnis übergehen und somit die Fische wie auch die Pflanzen schädigen. Ein Kiesbodengrund dagegen, mit einer Korngröße von etwa 4 mm ist ideal. Da Piranhas in Gebieten mit Weichwasser vorkommen, ist darauf zu achten, daß der Bodengrund keine großen Mengen Kalk in das Wasser freisetzt. Die Zoofachgeschäfte bieten entsprechende Kiessorten an. Ein weiterer wichtiger Punkt ist die Farbe des Bodengrunds, auf jeden Fall ist ein dunkleres Material zu verwenden. Eine für die Piranhas permanente Streßsituation würde ihre Lebenserwartung um ein Vielfaches verkürzen. Zudem sind nur Kiessorten zu verwenden, die keine allzu scharfen Kan-

**TIP:** **Helle Bodengrundmaterialien wie zum Beispiel weißer Kies reflektieren das Licht so stark, daß die Piranhas wenig Vertrauen in ihre Umgebung fassen und demzufolge ein schreckhaftes Verhalten zeigen.**

ten aufweisen. Dies schützt auch die Welse, die als Beifische in das Piranhaaquarium eingesetzt werden, vor Verletzungen. Wer Piranhas züchten möchte, der sollte sich für einen feinen Bodengrund entscheiden. Ein Durchmesser von circa 2 bis 3 mm ist gerade richtig, was dem Männchen das Ausheben der Laichmulde erleichtert.

Zusätzlich bietet der Bodengrund auch den kleinen Turmdeckelschnecken Unterschlupf. Diese lockern den Bodengrund bei der Suche nach allerlei Freßbarem auf. Im Allgemeinen wird der Futterresteverwertung durch die Schnecken zu wenig Anerkennung beigemessen. Allzuoft werden sie als unerwünschte Untermieter angesehen, weil die Befürchtung vor einer möglichen Massenvermehrung im Vordergrund steht. Die Turmdeckelschnecken leisten aber gerade im Piranhaaquarium einen wertvollen Beitrag zur Resteverwertung, da sie auch kleinste, zwischen dem Kies liegende Partikel zu fressen vermögen. Eine Massenvermehrung ist meist mit zu reichlichen Futtergaben verbunden. Abhilfe schafft in solch einem Falle das Ablesen der überzähligen Schnecken von Hand. Turmdeckelschnecken können an und für sich nicht gekauft werden. Doch viele Fachhändler überlassen den interessierten Kunden einige Exemplare aus ihren Schauaquarien, wenn die Schnecken nicht bereits durch die gekauften Pflanzen eingeschleppt wurden. Damit der Bodengrund all diese wichtigen Funktionen übernehmen kann, ist er mit einer Schichtstärke von etwa 8 bis 15 cm einzubringen.

*Die Piranhas bevorzugen im Aquarium einen dunklen Bodengrund, der das von der Beleuchtung abgegebene Licht nicht allzu stark reflektiert. Diese Aufnahme zeigt einen Wimpelpiranha,* Catoprion mento, *der zu den Schuppenräubern zählt. Das heißt diese Art ernährt sich in der Natur von den Schuppen, die sie anderen Fischen abzutrotzen vermag. Im Aquarium dagegen fressen die Tiere vor allem Fischfleisch. Auf die Dauer kann diese Art nur in Einzelhaltung gepflegt werden, was jedoch den Bedürfnissen einer zumindest zeitweilig in Gruppen lebender Fischart nicht gerade entgegenkommt. Foto: Aqualife*

**Die Einrichtungsgegenstände**

Die Auswahl und Zusammenstellung der Einrichtungsgegenstände sollte nicht unter Zeitdruck erfolgen. Denn die einmal ausgewählten Elemente bleiben womöglich über Jahre hinaus bestehen. Überhaupt ist ein stetiger Wechsel der Einrichtung zu vermeiden. Die Piranhas sollen sich an ihre Umgebung gewöhnen können. Das Hauptkriterium, das an die Einrichtung eines Piranhaaquariums gestellt wird, ist das Vorhandensein von ausreichenden Versteckmöglichkeiten. Das kann bereits bei der Beschaffung von geeigneten Moorkienwurzeln einiges an Zeit beanspruchen. Selbstverständlich ist die Aquariumeinrichtung in erster Linie an die Bedürfnisse der Piranhas anzupassen. Wie die Anordnung der Bepflanzung dürfen auch die Einrichtungsgegenstände den freien

*Dies ist ein schlechtes Beispiel eines Piranhaaquariums. Einer der Fische versucht sich verzweifelt hinter der einzigen Pflanze im Aquarium zu verstecken, was ihm natürlich nicht gelingen kann. Die Folge davon sind Angstzustände, die nicht selten auch in Aggression gegenüber Artgenossen umschlagen können.*

Schwimmraum nicht einschränken. Dekorationsaufbauten sollten sich deshalb vorwiegend im hinteren Drittel des Aquariums befinden. Zur Auswahl stehen eine Vielfalt von natürlichen Materialien, die als Einrichtungsgegenstände infrage kommen. Ausgeschlossen sind jene Materialien, welche die Wassergüte beeinträchtigen können, wie beispielsweise alle die hier nicht genannten Holzarten. Selbstverständlich können auch künstlich hergestellte Einrichtungsgegenstände im Aquarium gute Dienste leisten. In letzter Zeit bieten immer mehr Hersteller Produkte an, die in ihrer Nachahmung natürlichen Materialien erstaunlich nahe kommen. Das gilt vor allem für Aquarienrückwände. Einige Produkte verblüffen durch ihre naturnahe Wirkung, wieder andere durch ihre Strukturierungen, die sogar Höhlen und Nischen beinhalten. Nicht nur aus rein optischer Sicht des Betrachters ist die Montage einer Rückwand sinnvoll. Auch die Piranhas nehmen ihre Umgebung fast wie der Mensch wahr und ziehen ihren Nutzen daraus. Man kann sagen, daß eine Aquarienrückwand einen Teil des Sicherheitsgefühls der Piranhas in ihrem Lebensraum ausmacht. Da die Fische vom Aquarium aus die Vorgänge außerhalb wahrnehmen, bietet ihnen eine innenliegende Rückwand einen reflektionsfreien Sichtschutz. Gerne halten sie sich dann auch bei Störungen zwischen der Rückwand und den Moorkienwurzeln auf. Neben Keramik- oder Tonelementen für die Aquariumausstattung bietet der Handel auch vorgefertigte Kunststoffrückwände an, die relativ leicht auf die richtige Größe zugeschnitten werden können. Solche und ähnliche Produkte finden glücklicherweise immer häufiger Anwendung und unterstützen damit die artgerechte Ausstattung der Aquarien.

Laufend gelangen immer wieder neue Produkte für die Inneneinrichtung auf den Markt. Es lohnt sich deshalb, Vergleiche anzustellen, da für jeden Geldbeutel etwas vorhanden ist.

Zu den bereits klassischen Einrichtungsmaterialien gehören Steine und Moorkienwurzeln. Für das Piranhaaquarium können all jene Gesteinsarten verwendet werden, die keinen „Kalk" ins Wasser abgeben. Zur Auswahl stehen Gesteine wie Basalt, Granit, Gneis sowie Quarz und Porphyr. Besonders schön anzuschauen sind runde Steine, wie sie auch in Fließgewässern zu finden sind. Auf Gesteine, die sehr scharfe Kanten aufweisen,

ist zu verzichten, da die Piranhas sich daran verletzen könnten. Mit größeren Steinen können „Reviergrenzen“ gebildet, sowie Höhlen oder Felsterritoriale nachgebildet werden. Damit aber solche Steinaufbauten im Laufe der Zeit nicht verrutschen oder gar in sich zusammenfallen, sind sie mittels Silikonkleber gegenseitig zu verkleben.

### Die Bepflanzung

Pflanzen dürfen auch in einem Piranhaaquarium nicht fehlen. Ein üppiger Pflanzenwuchs ist nicht nur schön anzusehen sondern ist auch maßgeblich an der Verbesserung des Aquariummilieus beteiligt. Die Produktion von Sauerstoff und der Abbau von organischen Abfallprodukten sind zwei positive Eigenschaften, die von den Pflanzen ausgehen. Und nicht zuletzt stellen die Pflanzen für die Piranhas hervorragende Versteckmöglichkeiten dar.

Grundsätzlich können die meisten handelsüblichen Aquarienpflanzen im Piranhaaquarium verwendet werden. Natürlich steht die Auswahl der Pflanzen im Zusammenhang mit der vorhandenen Lichtmenge im Aquarium. Einige Pflanzen mit geringeren Lichtbedürfnissen sind nachfolgend aufgelistet. Wird ein sehr dichter Pflanzenwuchs angestrebt, dann darf – im Gegensatz zu den bereits erfolgten Empfehlungen – die Lichtintensität auch intensiver sein. Unter den vielen Pflanzen fühlen sich die Piranhas wohl und stören sich kaum mehr an den helleren Lichtverhältnissen.

Einige Pflanzenarten benötigen eine intensive Pflege. Besonders die langstieligen und schnellwachsenden Arten müssen des Öfteren eingekürzt und neu eingepflanzt werden. Dafür ist das untere Drittel der Pflanzen, denen in diesem Bereich oft auch die „Blätter“ fehlen, zu entfernen. Zur Pflanzenpflege gehört auch, daß faulende oder zu dicht wachsende Triebe abgeschnitten werden. Dies sollte nicht von Hand sondern mit einer scharfen Schere erfolgen. Der Schnitt ist stets unterhalb einer Blattverzweigung anzubringen. Bei vielen schnell wachsenden Pflanzen darf hin und wieder auch ein Aquarienpflanzendünger die Wuchsfreudigkeit unterstützen. Der Zoofachhandel bietet hierfür die verschiedenartigsten Produkte an. Die Dosierungen können, im Gegensatz zu den auf der Packung angegebenen Mengen, auch um einiges geringer sein. Kleine aber regelmäßige Düngergaben genügen den Pflanzen und sind die beste Vorkehrung, um ein plötzlich auftretendes Algenwachstum zu vermeiden.

Zu Beginn sollte man sich auf Pflanzen beschränken, die mit der vorhandenen Wasserbeschaffenheit keine Probleme bekommen. Die Auswahl kann nach geographischen wie auch nach rein optischen Gesichtspunkten erfolgen. Schon in kürzester Zeit ist zu beobachten, wie einige Arten eingehen und wieder andere hervorragend gedeihen.

*Moorkienholz ist ein bewährtes Dekorationselement im Piranhaaquarium. Foto: bede-Verlag*

*Javafarn,* Microsorum pteropus, *wächst gut auf Dekorationsgegenständen wie Steinen oder Moorkienholz. Foto: bede-Verlag*

Wird das Aquarium vorerst mit diesen Pflanzenarten ausgestattet, ist bereits ein erheblicher Erfolg zu verbuchen. Später können dann immer noch andere Pflanzenarten den bestehenden Bestand ergänzen. Mit dieser Methode können auch bei ungünstigen Verhältnissen schöne Pflanzenbestände entstehen.

Manchmal zerbeißen die Piranhas in ihrer Erregung einige Pflanzentriebe, ohne aber die Pflanze ernsthaft zu schädigen. Eine wiederholte Abweichung von der Regel weist oftmals auf eine fehlerhafte Unterbringung hin; beispielsweise auf ein zu kleines Aquarium oder einen zu klein bemessenen Schwimmraum. Zudem kann es vorkommen, daß vor allem in der Laichzeit, wenn die Piranhas die Laichgruben ausheben, sie wenig Rücksicht auf die Pflanzenwelt nehmen. Mit Vorliebe werden dann die im Weg stehenden Pflanzenstengel knapp über dem Bodengrund abgebissen. Sollte sich ein, außerhalb der Laichzeit, stetiges Wühlen im Bodengrund zu einem ernsthaften Problem entwickeln, können die Pflanzen in Töpfe gepflanzt werden. Auf diese Weise geschützt, treiben sie wenigstens nicht mehr an der Wasseroberfläche. Allerdings dürften die Wasserpflanzen bei einwandfreier Anordnung den Piranhas kaum im Wege stehen. Ist der Pflanzenbestand genügend dicht, können sogar verschieden große Piranhas in einem Aquarium gepflegt werden – vorausgesetzt, daß es sich um ein ausreichend großes Aquarium handelt. Für die Verwendung im Piranhaaquarium zählen folgende Beispiele zu den besonders empfehlenswerten Pflanzenarten, die aber ohne weiteres durch andere Arten ergänzt werden können:

**Javafarn**
***Microsorum pteropus.***
**Vorkommen:** Java bis Philippinen sowie Südostasien.
Der Javafarn wächst an den Ufern von schnell fließenden Bächen in der Spritzwasserzone. Es gedeiht aber auch vorzüglich unter Wasser und ist wahrscheinlich die Pflanzenart, welche für das Piranhaaquarium am besten geeignet ist. An die Wasserqualität stellt der Javafarn keine hohen Ansprüche (2-12 °dGH, pH-Wert 5,5-8, Temperatur 20-26 °C).

**Hammerschlag-Wasserkelch**
***Cryptocoryne usteriana.***
**Vorkommen**: Philippinen.
Der Hammerschlag-Wasserkelch ist hervorrragend für die Hintergrundbepflanzung eines Piranhaaquariums geeignet. Unter den *Cryptocoryne*-Arten befinden sich zudem viele weitere geeignete Vertreter, da sie sich durch ihre Anpassung an schwache Lichtverhältnisse auszeichnen. An die Wasserqualität stellen sie mittlere Anforderungen (5-15 °dGH, pH-Wert 6-8, Temperatur 22-28 °C). Allerdings benötigen alle *Cryptocoryne*-Arten einige Zeit zum anwachsen. Auch reagieren sie meist sehr negativ auf starke Schwankungen der Wassergüte.

**Westafrikanisches Zwergspeerblatt**
***Anubias barteri var. nana.***
**Vorkommen:** Tropisches Westafrika.
Das Zwergspeerblatt ist eine anspruchslose und äußerst robuste Pflanze. Verglichen mit anderen Pflanzenarten verläuft ihr Wachstum eher langsam. Auch bei niedrigeren Lichtintensitäten gedeiht sie noch zufriedenstellend. An die Wasserqualität stellt diese ausdauernde Pflanze mittlere Ansprüche (2-15 °dGH, pH-Wert 6-8, Temperatur 18-28 °C).

**Schwarze Amazonaspflanze**
***Echinodorus parviflorus.***
**Vorkommen:** Südamerika.
Diese sehr beliebte Aquarienpflanze wächst auch noch unter bescheideneren Lichtmengen. Jedoch sollte sie in dem Bereich des Aquariums gepflanzt werden, wo die Lichtintensität am höchsten ist. An die Wasserqualität stellt sie mittlere Ansprüche (2-15 °dGH, pH-Wert 6-7,8, Temperatur 22-28 °C). Unter den *Echinodorus* finden sich noch weitere Arten, die für das Piranhaaquarium infrage kämen.

**Großer Wasserfreund**
***Hygrophila corymbosa.***
**Vorkommen:** Südostasien.
Eine beliebte Aquariumpflanze, die des Öfteren eingekürzt werden muß. Auf die Wurzeln ist keine Rücksicht zu nehmen. Die Pflanze bildet schnell neue Wurzeln aus. Die Ansprüche an die Wasserqualität sind durchschnittlich (2-15 °dGH, pH 6,5-7,8, Temperatur 22-28 °C).

**Das Einrichten eines Piranhaaquariums**
Für den Betrachter ist der äußere Eindruck des Aquariums wichtig. In den meisten Fällen strebt der Pfleger ein harmonisches Erscheinungsbild an. Daneben muß aber die Einrichtung vor allem anderen den Bedürfnissen der Piranhas angepaßt werden. In den wesentlichen Punkten besteht beim Einrichtungsvorgang kein Unterschied zu anderen Aquarientypen.
Für das Einrichten eines Aquariums ist vor allem genügend Zeit zu reservieren. Je nach Aquariumgröße werden allein für das eigentliche Einrichten fünf bis acht Stunden benötigt. Es macht deshalb wenig Sinn, alle erforderlichen Dinge auf einmal einzukaufen und diese noch am selben Tag aufzustellen. Die so erhoffte Zeitersparnis endet nicht selten in aufwendigen Korrekturmaßnahmen. Besser besorgt man sich das Aquarium, die Technik sowie die Einrichtungsgegenstände einige Tage vor dem geplanten Einrichtungstermin. Auch mit dem Kauf der Pflanzen ist noch etwas zu warten.
Das Aquarium ist am vorgesehenen Ort auf einen stabilen Unterbau zu plazieren. Eigens für Aquarien hergestellte Unterschränke garantieren eine bestmögliche Standfestigkeit. Bei Vollglaskonstruktionen ist das Aquarium mit einer Styroporplatte zu unterlegen. Diese verhindert bei vorhandenen Unebenheiten

oder unterschiedlichen temperaturbedingten Materialbewegungen Spannungen im Glas. Ansonsten könnte womöglich das Aquarium in Mitleidenschaft gezogen werden. Anschließend sind sämtliche Elektroinstallationen am gewünschten Ort zu montieren. Jetzt ist es auch noch möglich, das Aquarium zu verschieben, sollte dies zum Beispiel eine ungünstig gelegene Steckdose nötig machen.

**TIP:** **Während der Aufbauphase dürfen die technischen Hilfsmittel niemals an den Strom angeschlossen werden, die Geräte würden andernfalls einen dauerhaften Schaden davontragen.**

Bereits vor dem Kauf der Einrichtungsgegenstände ist zu überlegen, wie die Aquariumeinrichtung auszusehen hat. Je nach Vorstellungen des Pflegers können Wurzelaufbauten, Steine oder Pflanzenbestände das Erscheinungsbild des Aquariums prägen. Vor dem endgültigen Aufstellen der Einrichtungsgegenstände ist es vorteilhaft, diese einmal ohne Wasser zur Probe im Aquarium aufzubauen. Gegebenenfalls müssen sie nämlich noch genau eingepaßt werden, was auch einiges an Zeit beansprucht. Besonders die Moorkienwurzeln bedürfen beim Zersägen einiges an Kraftanstrengung. Am besten läßt man sich die Wurzeln bei einer Schreinerei auf die richtige Größe zurechtsägen. Die großen und kräftigen Piranhas verlangen nach einer stabilen Inneneinrichtung. So ist ein geplanter Moorkienwurzelaufbau unter Zuhilfenahme eines Bohrers und feuerverzinkter Schrauben fest zusammenzuschrauben. Der nächste Schritt beinhaltet die Vorbereitung der Moorkienwurzeln. Sie müssen mindestens 24 Stunden (besser 3 bis 5 Tage) vor dem Einrichtungstermin in einem Behälter mit heißen Wasser gewässert werden. Während dieser Zeit geben sie die meisten „Farbstoffe" in das Wasser ab. Anschließend sind sie mit einer Bürste unter der Badezimmerbrause von Rückständen zu säubern. Einige Moorkienwurzelsorten besitzen im Wasser noch über eine längere Zeit einen beachtlichen Auftrieb. In diesem Falle sind sie mit Faden oder Bindedraht an einem Stein zu befestigen. Mit der Zeit haben sie sich aber gänzlich mit Wasser vollgesogen, so daß sich eine weitere Befestigung erübrigt. Nach den Vorarbeiten können sämtliche Einrichtungsgegenstände in das Aquarium eingebracht werden. Die Steinaufbauten oder ähnliches müssen direkt auf dem Aquariumboden aufliegen, damit sie später nicht ins Rutschen geraten. Auch die Rückwand ist jetzt mittels Silikon einzukleben. Vor dem Einbringen des Bodengrunds ist der Aquariumkies unter der Brause ausreichend durchzuspülen. Hierzu bietet beispielsweise ein ausgedientes Salatsieb gute Hilfeleistung. Als nächstes wird der Kies vorsichtig in das Aquarium gegeben.

Nach Abschluß der ersten Arbeitsphase können durchaus einige Tage verstreichen, damit bei Verwendung von Silikon dieser vollständig abbinden kann. Bei Wiederaufnahme der Einrichtungsarbeiten kann das Aquarium mit einem Eimer oder noch besser mit einem Schlauch vorsichtig bis zu einem Drittel mit Wasser gefüllt werden. Nun sind die technischen Hilfsmittel wie Filter und andere, an ihrem endgültigen Platz zu montieren, ohne jedoch die Geräte an den Strom anzuschließen. Als nächstes gilt es, die Pflanzen einzusetzen. Mit dem Finger ist ein Pflanzloch anzulegen und die Pflanze vorsichtig einzusetzen, so daß die Wurzeln senkrecht nach unten gerichtet sind und der Wurzelansatz mit der Oberkante des Bodengrunds auf eine Höhe zu liegen

**Noch ein Tip:**
**Falls Sie selbst eine Elektrosäge besitzen, dann können Sie sich die Moorkienholzwurzeln – bei Beachtung der erforderlichen Sicherheitsmaßnahmen – natürlich auch selbst zusägen.**

kommt. Vor allem die größeren Pflanzenarten gehören in den seitlichen und hinteren Teil des Aquariums. Ihre Anordnung sollte einer auf der Rückseite geschlossener U-Form entsprechen und einen Teil des vorderen Schwimmraums offen lassen. Bei größeren Aquarien kann der Schwimmraum auch durch Moorkienwurzeln und Wasserpflanzenbüschel unterbrochen werden. Damit erhält man sozusagen mehrere „Reviere“ und ermöglicht es den schwächeren Piranhas, wenigstens zeitweise, aus dem Blickfeld der Rivalen zu entschwinden. In der Mitte des Aquariums, unterhalb des offenen Schwimmraums, sind nur kleinbleibende Wasserpflanzen einzusetzen. Bei mittelgroßen Aquarien, in denen die Piranhas weniger Raum zur Verfügung haben, sollte die Bepflanzung um einiges dichter angelegt werden. Somit können sich die Piranhas bei Bedarf gegenseitig besser ausweichen. Schlußendlich ist das restliche Wasser ebenso vorsichtig einzufüllen. Dafür ist der einfließende Wasserstrahl mit der Handfläche zu brechen. Damit verhindert man, daß der Bodengrund aufwirbelt und die vorher eingebrachten Pflanzen wieder obenaufschwimmen. Hinterher ist mit einem trockenen Lappen das Spritzwasser rund um das Aquarium zu beseitigen. Auch die Kabelanschlüsse sind zu kontrollieren, ob sie nicht naß geworden sind. Danach ist die Beleuchtung auf das Aquarium aufzulegen und alle Geräte kön-

**oben:** *Die Wurzeln und Steine kommen beim Einrichten direkt auf dem Aquariumboden zu stehen. Damit sie beim Nachgeben des Bodengrunds nicht rutschen und umfallen können.*

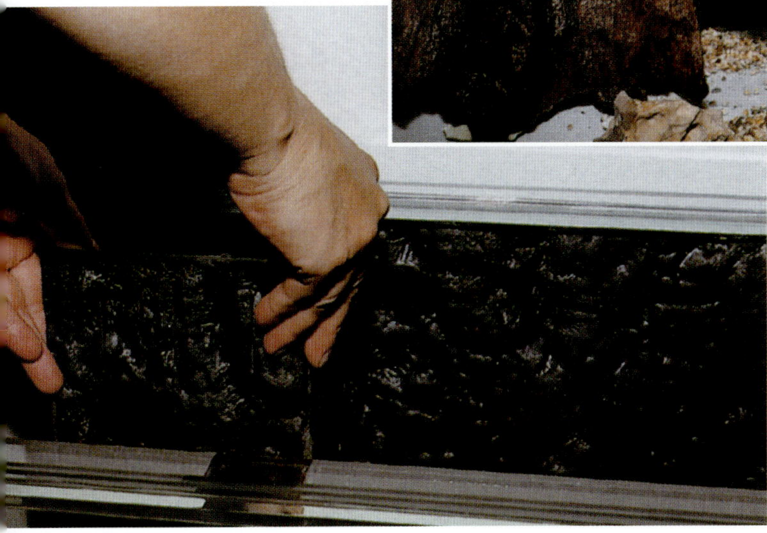

**unten:** *Einen Teil des Sicherheitsgefühls in ihrem künstlichen Lebensraum gewinnen die Piranhas auch aus einer dunklen Rückwand. Mit zum Beispiel geschäumten, sowie leicht zu schneidenden Kunststoffplatten können auch die Innenfilter ausgekleidet werden.*

nen an den Strom angeschlossen werden. Zum Schluß der Einrichtungsarbeiten ist noch zu kontrollieren, ob alle Geräte einwandfrei funktionieren und das Aquarium kein Wasser verliert. Nunmehr heißt es, mindestens zwei Wochen zu warten, bis sich das „Gleichgewicht" im Aquarium mehr oder weniger eingespielt hat. Auch die Filteranlage wird in dieser Zeit ihre biologische Tätigkeit aufnehmen. Bei richtig eingestellter Beleuchtungsdauer und Wassertemperatur werden die Pflanzen gut anwachsen und mithelfen ein optimales Aquariummilieu zu erreichen. In den ersten Tagen ist das Wasser noch trübe und überall verunstalten kleine Luftbläschen die Aquariumeinrichtung. Nach kurzer Zeit wird jedoch das Wasser klarer, nur noch die Moorkienwurzeln können unter Umständen das Wasser bräunlich färben. Mit den Teilwasserwechseln in den kommenden Pflegewochen geht aber auch das zurück. Gerade in den ersten Wochen verlieren auch viele Pflanzenarten einen Teil ihrer Blätter. Diese müssen laufend entfernt werden. Allenfalls können auch noch weitere Pflanzen hinzugepflanzt werden, sollten dies schlecht anwachsende Pflanzenarten nötig machen.

Nach Ablauf der Wartefrist, dürfen die Piranhas ihren neuen Lebensraum beziehen. Für den Transport vom Zoofachgeschäft bis nach Hause ist besonders bei ausgewachsenen Piranhas auf den üblichen Gruppentransport im Plastikbeutel zu verzichten. Die Beutel, wie im übrigen auch die Fangnetze, werden von den Piranhas leicht zerbissen. Noch größer ist aber die Gefahr, daß sich die geängstigten Piranhas gegenseitig verletzen. Vor allem die Augen sind dabei gefährdet. Für den Transport ist ein Kunststoffeimer mit einem verschließbaren Deckel, der einige Luftlöcher hat, zu verwenden. Noch besser ist es, wenn die Piranhas einzeln transportiert werden. Bei längeren Transportzeiten, die 30 Minuten bei weitem überschreiten, ist auf die Temperatur sowie den Sauerstoffgehalt des Wassers zu achten. Nötigenfalls muß das Wasser zusätzlich belüftet werden, und der Eimer ist gegen eine zu starke Abkühlung des Wassers mit einer Wolldecke zu schützen. Eine Unterkühlung der Fische ist auf jeden Fall zu vermeiden. Zu Hause angekommen, gilt es, die Piranhas sachgemäß in das Aquarium einzubringen.

Je mehr Zeit für das Einsetzen der Piranhas aufgewendet wird, um so kleiner ist für sie der Streßzustand hinsichtlich der nun wechselnden Wasserqualität. So ist der Transporteimer, respektive sind die Plastikbeutel, erst einmal für mindestens 15 Minuten verschlossen in das Aquarium einzutauchen. Normalerweise reicht diese Zeit aus, um die Temperaturunterschiede beider Wasserkörper auszugleichen. In den nachfolgenden 20 Minuten werden umgehend in kontinuierlichen Zeitabständen, von etwa je fünf Minuten, kleinere Wassermengen mit einem Becher aus dem Aquarium geschöpft und in den geöffneten Eimer gegeben. Somit erhalten die Piranhas die Möglichkeit, sich an die neuen Wasserverhältnisse zu gewöhnen.

Aber Vorsicht, die Arbeiten nicht unterbrechen und den Eimer unbeaufsichtigt zurücklassen, denn die Piranhas könnten herausspringen! Anschließend ist der Eimer langsam im Aquarium schrägzustellen, damit die Piranhas aus dem Eimer heraus- und in das Aquarium hineinschwimmen können.

Schließlich ist es soweit, das Aquarium ist fertig eingerichtet, die Abdeckscheibe und die Beleuchtung aufgesetzt und jetzt heißt es, den Fischen zunächst einmal etwas Ruhe zu gönnen, damit sie den neu bezogenen Lebensraum ergiebig auskundschaften können.

**Die kontinuierlichen Pflegemaßnahmen**

Das Aquarium ist beispielsweise alle zwei Wochen zu reinigen. Dabei spielt es eine untergeordnete Rolle, ob der Pflegerhythmus nun wöchentlich oder alle zwei Wochen wiederholt wird. Wichtig ist nur, daß die einmal gewählten Zeitabstände für die zukünftigen Pflegearbeiten beibehalten werden. Die Piranhas und die Pflanzen haben somit die Möglichkeit, sich an die damit verbundenen Schwankungen in der Wassergüte zu gewöhnen. Im gleichen Arbeitsgang entfernt man sogleich abgestorbene Pflanzenteile oder überzählige Schnecken. Ebenfalls nicht zu vergessen ist die Überprüfung, ob alle technischen Geräte einwandfrei funktionieren.

Beim Wasserwechsel ist etwa ⅓ der Wassermenge zu erneuern. Größere Aquarien werden direkt mit einem Schlauch mit frischem Wasser versorgt. Zum Ansaugen ist die Länge des Schlauchs nebensächlich. Ein zum Beispiel zehn Meter langer Schlauch bedarf einer relativ geringen Kraftanstrengung beim Ansaugen und erspart das mühsame Schleppen von Kübeln. Natürlich funktioniert dies nur, wenn das Aquarium höher als der Ablauf steht. Ansonsten könnte auch eine Pumpe eingesetzt werden. Während des Ablassens des Wassers ist zugleich der Bodengrund zu reinigen. Der seit der letzten Reinigung angesammelte Mulm besteht aus Überresten des Futters, Kot und Pflanzenteilen. Mit den sogenannten Mulmglocken ist dieser leicht abzusaugen.

Beim Wiederauffüllen muß die Frischwassertemperatur unbedingt jener im Aquarium entsprechen. Noch besser ist es, wenn die Temperatur des Frischwassers 1 bis 2 °C höher liegt. Im Allgemeinen wird dies von den Piranhas besser vertragen, als ein plötzlich eintretender Temperaturabfall. Zur unbedenklichen Einleitung des Leitungswassers ist auf zweierlei Dinge zu achten. Einerseits wird dem Leitungswasser vom Wasserwerk ein Desinfektionsmittel beigegeben, oder es treten andererseits bei der Wasserentnahme aus der Leitung enorm viele Luftbläschen auf. Letztere könnten unter Umständen auf den Kiemen der Piranhas haften bleiben und die Atmung beeinträchtigen. Tritt einer der beiden Sachverhalte auf, ist das Leitungswasser entweder aus der Brause zu entnehmen oder über einen Aktivkohlefilter laufen zu lassen. Wird ein Aktivkohlefilter verwendet, ist dieser sachgerecht zu betreiben. Zum einen muß er regelmäßig verwendet werden

*Die Art* Serrasalmus denticulatus *dankt eine gute Pflege durch ihr besonders schönes, zart wirkendes Aussehen. Foto: Aquamagazine*

*Mühlsteinsalmler oder Pacus,* Colossoma macropomum, *ähneln den Piranhas in der Körperform sehr, es sind jedoch reine Pflanzenfresser. Foto: bede-Verlag*

und zum anderen ist er vor jedem Gebrauch gut durchzuspülen. Ansonsten kann ein Aktivkohlefilter mehr schaden als nützen, da sich in ihm fischschädigende Bakterien entwickeln könnten. Ein nur für diesen Zweck verwendeter Aktivkohlefilter bleibt je nach Größe circa drei bis sechs Monate funktionstüchtig. Danach wird die Aktivkohle bezüglich des Entchlorungsvermögens unbrauchbar und ist auszutauschen. Fehlen beim Leitungswasser größere Mengen an Desinfektionsmitteln oder treten Luftbläschen nur in kleineren Mengen auf, so kann es direkt mit einem

**Noch ein TIP:** **Es gibt im Fachhandel auch spezielle Reinigungshandschuhe zum Reinigen der Scheibeninnenflächen.**

Schlauch ins Aquarium eingeleitet werden. Die im Aquarium angestrebte Wasserhygiene wird durch die regelmäßig durchgeführten Teilwasserwechsel erreicht, jedoch ersetzen sie nicht eine ebenso regelmäßige Filterreinigung. Nicht nur durch das Verfüttern von Fischfleisch fallen im Piranhaaquarium

**TIP: Dem hohen Anteil an Schwebstoffen im Wasser ist nur durch ein funktionstüchtiges Filtersystem beizukommen.**

größere Mengen an Futterresten an. Diese müssen optimal entfernt werden. Deshalb gehören vor allem die mechanischen Filterstufen des Filtersystems des Öfteren gereinigt. In der Regel sogar häufiger, als in der allgemeinen Aquaristik empfohlen. Je nach Verschmutzungsgrad und System ist daher der Filter alle ein bis drei Wochen teilweise oder ganz zu reinigen. Davon ausgenommen sind Filterstufen, die eine biologische Funktion zu erfüllen haben. Sie werden seltener – zum Beispiel in Abständen von acht bis zwölf Wochen – gereinigt.

Es empfiehlt sich, niemals das gesamte Filtermaterial auf einmal zu reinigen, sondern in regelmäßigen Zeitabständen jeweils nur einen Teil davon, um die Tätigkeit der Bakterienkulturen nicht zu unterbrechen. Für ein Durchspülen der Filtermaterialien ist ausnahmslos handwarmes Wasser zu verwenden. Das schont die Bakterienkulturen. Beim Säubern von Aquariuminnenteilen dürfen nie Reinigungsmittel wie Seife oder Fensterglasreiniger und ähnliches Verwendung finden. Die Kalkrückstände an den exponierten Stellen sind mit leichtem mechanischem Druck unter handwarmem Wasser zu reinigen. Um Kratzer zu vermeiden, sind die speziellen Wischtücher, wie sie für den Einsatz als Haushaltsgeräte angeboten werden, ideal. Topfreinigungsschwämme zerkratzen die Scheiben.

Selbstverständlich erfordert jedes Piranhaaquarium angepaßte Pflegemaßnahmen. Diese können ebenso auch in leicht abgeänderter Form ausfallen, da sie von der Einrichtung, dem Fischbesatz und der Technik abhängig sind. Schlußendlich entscheidet der Pfleger über die Richtigkeit seiner Maßnahmen, die er ausschließlich auf seine Beobachtungen bei Veränderungen im Aquarium stützen muß.

# Das Verhalten der Piranhas

*Die Piranhas verfügen über viele sehr interessante Verhaltensweisen, die es durch regelmäßiges Beobachten zu ergründen lohnt.*

Um das Verhalten einer Fischart im Aquarium erst richtig zu verstehen, ist man auf möglichst genaue Naturbeobachtungen angewiesen. Über das Verhalten der Piranhas in der natürlichen Umgebung ist bis heute leider noch sehr wenig bekannt. Die wenigen Erkenntnisse über die Lebensgewohnheiten der Piranhas sind wohl mit ein Grund dafür, daß die Legende vom blutdürstenden Fisch aufrecht erhalten blieb. Leider kann man bei dem eben angesprochenen, mangelnden Wissensstand nie ganz sicher gehen, ob unter Aquariumverhältnissen auch alle Bedingungen zur artgerechten Pflege gegeben sind. Deshalb ist es von großer Wichtigkeit, daß jeder Piranhapfleger das Verhalten seiner Fische genauestens beobachtet. Folgende Ausführungen sollen mithelfen, die Piranhas besser zu verstehen sowie ein Grundwissen vermitteln, um die eigenen Beobachtungen besser einzuordnen. Es wäre völlig falsch die Piranhas als „seelenlose" Wesen einzustufen. Wie es ebenso falsch wäre, ihnen menschliche Eigenschaften nachzusagen. Dennoch müsssen wir davon ausgehen, daß die Piranhas so etwas wie Gefühle entwickeln können. Angst, Zufriedenheit, Neugierde sind einige der Zustände die auch Piranhas durch ihr Leben begleiten. Zudem sind Piranhas durchaus in der Lage, gewisse Erfahrungen zu sammeln und die erlernten Dinge in ihrem weiteren Leben nutzbringend einzusetzten.

Für das ungestörte Beobachten von Piranhas ist es empfehlenswert, sich im Abstand von etwa 3 m bewegungslos vor dem Aquarium hinzusetzen. Das gleichzeitige Abdunkeln des Raums hilft, damit die Piranhas den Pfleger nicht mehr durch die Aquariumscheibe wahrnehmen können. Erst dann zeigen die Tiere ihre Verhaltensweisen in ungestörter Form, die uns so manches über die bemerkenswerten Fische verraten. (Möglicherweise gilt es in Zukunft noch die eine oder andere Korrektur oder Ergänzung in diesem Buch vorzunehmen.)

**TIP: Viele Verhaltensmuster müssen noch durch Beobachtungen im Aquarium aufgedeckt werden. Zur Zeit ist der Mensch noch weit davon entfernt die Piranhas und ihr Leben wirklich zu verstehen.**

### Das Verhalten in der Natur

Die Anzahl gepflegter Piranhas, die Nahrung und die Aquariumeinrichtung, ja selbst die Pflegemaßnahmen haben sich nach den

natürlichen Bedürfnissen der Piranhas auszurichten. Eine artgerechte Haltung und Pflege der Piranhas ist also nur gegeben, wenn man möglichst viele Erkenntnisse über ihre natürlichen Gewohnheiten kennt. Die Durchführung aufschlußreicher Beobachtungen des Piranhaverhaltens in natürlicher Umgebung sind jedoch fast aussichtslos. Die trüben Flußsysteme, welche die Heimatgewässer dieser Raubfische bilden, lassen meist keine freie Sicht zu. Immer wieder entschwinden die Piranhas aus dem Blickfeld des Beobachters, oder entziehen sich beim Näherkommen eines Tauchers durch eine schnelle Flucht. Deshalb gehören viele der heute bekannten Piranhabeobachtungen zu den Momentaufnahmen im Leben dieser eher scheuen Tiere.
Im Amazonasgebiet leben die Piranhas hauptsächlich in langsam fließenden, trüben Gewässern sowie in Lagunen, respektive Randseen des Überschwemmungswalds. Obwohl Freilandbeobachtungen zum Fortpflanzungsverhalten fehlen, kann man davon ausgehen, daß einige Piranhaarten während des Hochwassers im Überschwemmungswald ablaichen. Die Piranhas bilden in ihren Heimatgewässern meist kleinere und mittlere Schwärme. Diese Schwärme und kleineren Gruppierungen verteilen sich über die weitverzweigten Flußsysteme. Zur eigentlichen Größe der Schwärme können kaum schlüssige Angaben gemacht werden. Ebenso wenig ist über den zeitlichen und sozialen Zusammenhalt der einzelnen Gruppenmitglieder oder der einzelnen Gruppen untereinander bekannt. Man darf jedoch davon ausgehen, daß sich einzelne Individuen oder sogar Gruppen, hin und wieder anderen Schwärmen anschließen. Somit findet eine gelegentliche Vermischung der einzelnen Populationen statt. Über die wahrscheinlichen Schwarmgrößen der Piranhas wurden schon viele Mutmaßungen angestellt. Aufgrund der sich widersprechenden Beobachtungen könnten sie je nach Umweltbedingungen und Jahreszeit sehr unterschiedlich sein. Die Schwarmgrößen liegen vermutlich zwischen 100 oder einigen 1000 Exemplaren, wobei besondere Umweltsituationen auch kleinere Schwärme von zehn oder 20 Tieren entstehen lassen können.
Im Normalfall sieht ein Piranha allzu kleine Fische nicht als potentielle Beute an. Fische, die größer scheinen als er selbst, werden ebenfalls nicht angegriffen. Auch wird beim Beutefang nicht spontan zugeschlagen. Bevor ein Piranha seine Beute angreift, wird diese genauestens beobachtet. Erst wenn ein Fisch dem Beutemuster entspricht, dann schlägt der Piranha zu. Hat jedoch ein einzelner Piranha erst einmal angegriffen, so werden die anderen Gruppenmitglieder ohne genauere Prüfung ebenfalls über ein Beutetier herfallen. Die Angriffslust hängt demzufolge mit dem „Gruppeneffekt" zusammen. Eine erhöhte Aggressivität ist meist bei größeren Populationen zu beobachten. Vielfach steht die Angriffslust mit dem vorhandenen Futterangebot im Zusammenhang. Zugleich hat der Wasserchemismus und die Laichbereitschaft einen maßgeblichen Einfluß auf den Aggressivitätsgrad der Piranhas.
Die Piranhas verfügen über viele außergewöhnliche Verhaltensweisen, die sie nicht zuletzt deswegen zu begehrenswerten Aquarienfischen machen. Viele Verhaltensweisen im Aquarium decken sich mit jenen in der

**TIP: Bei normalen Umweltverhältnissen gehören die Piranhas überhaupt nicht zu den draufgängerischen Fischarten, die um jeden Preis jedes nur erdenkliche Lebewesen anfallen.**

natürlichen Umgebung. Dies muß aber nicht immer so sein. Gerade durch die speziellen Lebensumstände im Aquarium können die Verhaltensweisen einen völlig anderen Schwerpunkt erhalten. Das Piranhaverhalten im Aquarium ist von vielen Faktoren abhängig. Die Wassergüte, die Aquariumgröße sowie die Aquariumeinrichtung und Anzahl gepflegter Individuen spielen eine maßgebliche Rolle. Bei Pflegefehlern können erhebliche Unterschiede bezüglich des Aggressivitätsgrads auftreten. Zudem verfügen die einzelnen Piranhaarten über sehr unterschiedliche Schwerpunkte bei ihren Verhaltensweisen. Die hier erwähnten Verhaltensweisen betreffen in der Hauptsache die Art *Pygocentrus nattereri*.
Der vielen Störfaktoren wegen ist es sehr schwer, Verhaltensmuster aus dem Aquarium als artspezifisches Verhalten einzuordnen. Unbedeutende Verhaltensmuster können somit starken Veränderungen unterliegen. Vielleicht ist das mit ein Grund, weshalb ein völlig falsches Bild von den Piranhas entstanden ist. Als auffälligstes Beispiel denke man nur an die im Aquarium ein völlig anderes Gewicht erhaltenden „Revierkämpfe". In der natürlichen Umgebung kommt diesen und anderen Verhaltensweisen hingegen kaum eine vergleichbare Tragweite zu. Im Aquarium können sich schwächere Piranhas nicht durch Flucht in Sicherheit bringen. Selbst im Aquarium zählen manche Piranhabeobachtungen zu den Einzelbeobachtungen, die unter anderen Bedingungen schon durch geringste Abweichungen der Pflegevoraussetzungen eine völlig abweichende Gewichtung erfahren. Deshalb ist nicht in jedem Fall vorauszusetzten, daß die hier beschriebenen Verhaltensweisen unbedingt wiederholbar seien, zumal das Hauptmerkmal der Piranhas, die bekannte Beißfreudigkeit verheerende Folgen haben kann. Oder anders gesagt: Niemals darf der Pfleger seine Handlungen allein auf die hier beschriebenen Beispiele stützen.

### Die „Piranhasprache"

Selbstverständlich entsprechen die Kommunikationsmöglichkeiten der Piranhas in keinster Weise der menschlichen Sprache. Dennoch verfügen die Piranhas über die Fähigkeit, sich zu verständigen. Besonders in den trüben Piranhagewässern Südamerikas müssen einzelne Individuen einer Gruppe den Sozialkontakt zu ihren Artgenossen aufrecht erhalten können. Ohne die verschiedenen Kommunikationsstrategien wäre ein Fortbestand der Piranhas in ihrer natürlichen Umgebung undenkbar. Man denke nur an die Vorgehensweise bei der Fortpflanzung. Deswegen stehen auch den Piranhas eine Reihe von Möglichkeiten für die innerartliche Verständigung zur Verfügung. Ein wichtiges Organ hierfür ist die Schwimmblase. Sie dient in erster Linie dazu, sozusagen die Schwebefähigkeit im Wasser zu regulieren. Die Schwimmblase reagiert auf den stets wechselnden Wasserdruck in den unterschiedlichen Tiefen. Mit Hilfe einer Gasdrüse wird der Druck langsam erhöht oder durch ein gasabbauendes Organ, respektive mittels eines Luftgangs, je nach Bedarf langsam entleert. Die Fische können so, ohne große Kraftanstrengung ihre Tiefenposition halten ohne abzusinken oder aufzutreiben. Zudem ist die Schwimmblase bei den Piranhas auch ein Resonator, um Laute zu erzeugen. Mit der Auspressung von Gas oder durch das Aneinanderreiben zweier Schultergürtelknochen entstehen vielerlei Töne. Nach den Untersuchungen von Frau Dr. Wirz-Hlavacek produzieren die Piranhas verschiedenartige Einzel- und Trommellaute. Die zwei Trom-

*Vor allem bei Futterknappheit lassen sich die Piranhas sehr leicht mit der Angel fangen. Foto: Aquamagazine*

melmuskeln, am vorderen Teil der Schwimmblase aufliegend, zeigen sich für die Lauterzeugung verantwortlich. Bei den Trommellauten kann man eine unterschiedliche Lautdauer und Intensität der erzeugten Töne feststellen. Untersuchungen unter Aquariumbedingungen brachten hervor, daß die Piranhas ihre Lautäußerungen hauptsächlich während Auseinandersetzungen mit Artgenossen einsetzten. Sozusagen als Drohgebärde, wobei nicht eindeutig festgestellt werden konnte, ob die Lautäußerungen vorwiegend vom Angreifer oder Verteidiger ausgingen. Gleichzeitig war festzustellen, daß beim ersten Angriff auf ein Beutetier die von einem Piranha erzeugten Trommellaute den Rest des Schwarms ebenfalls zum Angriff bewegten. Der gemessene Grundfrequenzbereich der erzeugten Laute liegt zu Beginn der Lautäußerung zunächst bei 40 Hz, später zwischen 80 bis 150 Hz.
Obgleich beide Geschlechter der Piranhas bereits nach dem dritten Lebensmonat durch ihren ausgeprägten Lautapparat in der Lage wären, diesen dementsprechend einzusetzen, kommen Lautäußerungen im Aquarium nur selten vor. In der Natur wird der Lautapparat wohl häufiger gebraucht. Bei den guten Sichtverhältnissen im Aquarium besteht dafür wahrscheinlich weniger Bedarf. Die umfassende Bedeutung der so erzeugten Töne ist noch nicht eindeutig geklärt. Es darf jedoch angenommen werden, daß speziell im trüben Wasser Lautäußerungen von erheblichem Nutzen sind. Aufgrund der anatomischen Voraussetzungen kann man ebenso davon ausgehen, daß die Piranhas gut hören. Bei anderen Fischarten wurde dies schon nachgewiesen. Durch die regelmäßige Benutzung der Laute in ähnlichen Lebensumständen ist darauf zu schließen, daß eine gewisse, wenn auch sehr primitive Piranhasprache existiert. In die Enge getriebene oder gefangene Piran-

has stoßen zum Beispiel für uns als Warn- oder Angstschrei empfundene Laute aus. Für das menschliche Ohr hört sich besagter Ton wie ein helles Knurren an. Die meisten anderen erzeugten Töne werden aber bedauerlicherweise in einem für den Menschen unhörbaren Frequenzbereich übermittelt. Auf gar keinen Fall sollte ein Piranhahalter dem Gedanken verfallen, solche Laute durch ein Experiment von seinem Fisch erzeugen zu lassen. Dies wäre unter allen Umständen als Tierquälerei zu verurteilen.

Zur innerartlichen Erkennung dient den Piranhas ihre arteigene Färbung. So ist beispielsweise bei vielen Fischarten die Farbe Rot ein ausgesprochenes Erkennungsmerkmal. Bei *P. nattereri* und *P. cariba* bewirkt die rote Bauchpartie die erwünschte Signalwirkung. Die roten Augen bei *S. spilopleura* haben vermutlich die gleiche Funktion. Bei einigen Piranhaarten fallen dazu die vielen regelmäßig verteilten, im Licht metallisch glänzenden Schuppen auf. Erzeugt wird dieser Effekt aufgrund der Lichtreflektion, hervorgerufen durch in den einzelnen Schuppen eingelagerte Kristalle. Der zur Kristallbildung verantwortliche Stoff heißt Guanin und ist ein Bestandteil von Nucleinsäuren. In gewissen Schuppen reichern sich nun die Kristalle besonders stark an und verleihen den Piranhas ihr typisches Aussehen. Da die Kristalle laufend angereichert werden, nehmen die silbrig glänzenden Schuppen mit zunehmendem Alter zu. Die Aufgabe der schillernden Schuppen ist unklar, doch könnten sie durchaus zur Arterkennung oder Lokalisierung von Gruppenmitgliedern dienen.

**TIP: Die eigenen Beobachtungen müssen ernst genommen werden und die Handlungen des Pflegers bestimmen. Erst dies verspricht eine befriedigende Pflege der anspruchsvollen Piranhas.**

Mit der Farbgebung verhält es sich genauso wie bei den eben erwähnten schillernden Schuppen, sie dient gleichermaßen der Arterkennung. Farbsignale erfüllen aber noch andere sehr wichtige Funktionen. Beispielsweise können Farbveränderungen einen Lebenszyklus, die Stimmungen oder den Gesundheitszustand eines Tiers angeben. Speziell vor der Laichzeit ist beispielsweise bei *P. nattereri* eine intensivere Rotfärbung der Körperunterseite festzustellen, während im Gegensatz dazu die restliche Farbgebung eher etwas verblaßt, vermutlich um die Wirkung der Rotfärbung zu unterstützen. Andere Arten bekommen wiederum eine viel dunklere, ja vielfach fast schwarze Körperfärbung. An diesem Hochzeitskleid erkennen die Artgenossen die Fortpflanzungsbereitschaft. Ohne ein dermaßen klares Signalisieren wäre ein Fortbestand der Art gefährdet. Ebenfalls zeigen einige Arten im Zustand höchster Erregung eine dunklere Körperfärbung. In Situationen, die Angst hervorrufen oder bei Krankheit ist hingegen ein Nachlassen der Farbintensität zu beobachten. Die Färbung wird primär durch die Pigmente enthaltenden Chromatophorenzellen gebildet. Einige Chromatophoren werden auch durch den Lichteinfall beeinflußt, wobei sie sich ausdehnen oder zusammenziehen können. So zeigen speziell jüngere Exemplare von *Serrasalmus nigricans* des Nachts eine erheblich dunklere Farbgebung als am Tage. Auch das Alter kann Farbveränderungen hervorrufen, beispielsweise verblassen mit den Jahren bei *P. nattereri* und *P. cariba* die leuchtend roten Unterseiten. Auch einige Sinnesorgane sind bei den Piranhas besonders gut ausgeprägt. So zum

**HINWEIS: Die Lautäußerungen der Piranhas sind vor allem in den ersten Wochen – in der Eingewöhnungphase – der Pflege verschiedentlich zu hören.**

*Die rote Bauchpartie sowie die schillernden Schuppen helfen dem Roten Piranha bei der Arterkennung. Je nach Population und Alter der Fische ist die Rotfärbung sehr unterschiedlich ausgebildet. Foto: Aquamagazine*

Beispiel die Riechorgane, die zielsicher den Weg zu einem verletzten Beutetier aufzeigen. Obwohl den Piranhas in den trüben Heimatgewässern ein gutes Sehvermögen wenig nutzt, verfügen sie dennoch über gut entwickelte Augen. Vermutlich wegen den schlechten Sichtverhältnissen beschränkt sich das Sehvermögen zugunsten eines gut Sehens auf kurze Distanz. Ein räumliches, scharfes Sehen ist jedoch nur im vorderen Gesichtsfeld möglich. Zu den Flanken hin ist bloß ein schemenhaftes Sehen möglich.

**Das Verhalten im Aquarium**

Oft werden die Piranhas als Fische mit einer sehr engen Handlungsbereitschaft angesehen. Sozusagen geboren, um zu töten und zu fressen. Die leider oftmals eher bescheidenen Platzverhältnisse in Heimaquarien lassen aber kaum vollumfängliche Verhaltensweisen zu. Vermutlich werden bereits zu viel Energie und Zeit für die Sicherstellung des sozialen Friedens aufgebracht. Betrachtet man jedoch die Piranhas und ihre Lebensweise mit der noch lange nicht abgeschlossenen, stammesgeschichtlichen Entwicklung, weist ihr bis heute erfolgreiches Durchsetzungsvermögen auf eine äußerst lernbereite Fischart hin. Die Intelligenz der Piranhas ist nicht zu unterschätzen, vor allem darf der Aquarianer sie nicht als monoton funktionierende Freßmaschinen betrachten. Viel eher gehören sie zu jenen Raubfischarten, die ihre Hemmschwellen zu töten erst durch speziell hervorgerufene Umweltsituationen abbauen müssen, um ihre sprichwörtliche Raubgier auszulösen. Diese Tatsache stellen sie in der Natur wie auch unter guten Aquariumverhältnissen immer wieder unter Beweis. Auch weist schon alleine ihre Brutpflege auf eine höher entwickelte

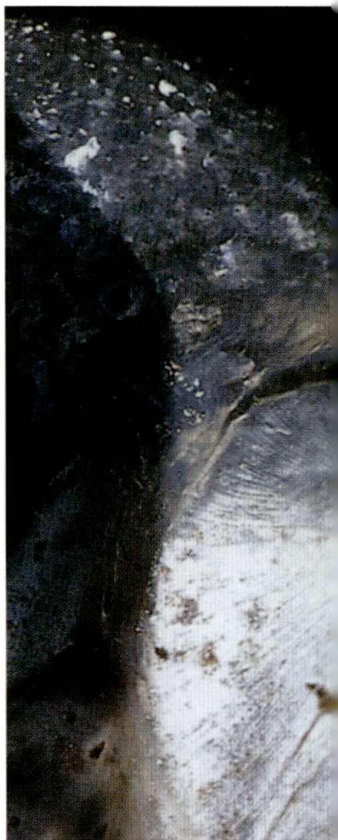

*Die roten Augen mancher Piranhas dienen vermutlich ebenfalls der innerartlichen Erkennung. Foto: Aquamagazine*

Fischart hin. Gerade im Aquarium spielen, betreffend der Höhe des jeweiligen Aggressivitätsgrads, gewisse chemische Reize eine große Rolle. Infolge eines über längere Zeit ausbleibenden Wasserwechsels wird sich unter Umständen die Wassergüte so stark verschlechtern, daß sich die Fische untereinander vermehrt angreifen. Nach erfolgtem Wasserwechsel erlangen die Piranhas sofort wieder ihre normale Verträglichkeit. Dieses Beispiel zeigt eindrücklich, wie die Gegebenheiten im Aquarium auf das Verhalten und die Gesundhaltung der Piranhas einwirken. Neben den Einflüssen der Umgebung auf die Verhaltensweisen, spielt auch das jeweilige Altersstadium der Piranhas eine Rolle. Die im Handel angebotenen Piranhas bestehen meist aus Jungfischen. Die Jungpiranhas sind äußerst scheue Tiere. Beim Einsetzen der kleinen Piranhas ins neue Aquarium werden diese erst einmal kreuz und quer umherschießen. Das Ziel der erschreckten

**Ergänzung zum Dominanz- und Kampfverhalten:**
**Es wird dann Dominanz demonstriert, wenn ein Piranha den Sicherheitsabstand unterschreitet, indem der „Revier"-Besitzer dem anderen mit geschlossenem Maul in die Seite stößt. Der andere akzeptiert es und entfernt sich, oder er ist hartnäckig und reagiert ebenfalls mit einem Stoß. Dann erfolgt ein Parallel- oder Kopf- an Schwanz-Schwimmen in Schrägstellung, unter heftigen Schlägen mit der Schwanzflosse. Dabei ist das Maul geöffnet, es werden Beißbewegungen ausgeführt und die Maulpartie wird blaß. Zwischendurch gibt es auch wieder gegenseitige Stöße – mit geschlossenem Maul – in die Seite. Schließlich vertreibt der Überlegene den anderen.**

Jungfische ist es, möglichst schnell ein für sie geeignetes Versteck zu finden. Dafür bieten Pflanzengruppen oder Verstecke in Moorkienwurzeln geeignete Plätze. Es gilt jedoch zu bedenken, daß ein für den Pfleger als gut befundenes Versteck, für die Piranhas noch lange nicht ausreichend Sicherheit bieten muß. Je größer die Auswahl an unterschiedlichen Versteckmöglichkeiten ist, um so schneller wird Ruhe im Aquarium eintreten. Vor allem Jungfische legen sich hin und wieder – in Situationen die für sie höchste Gefahr bedeuten – flach und regungslos auf den Bodengrund. Dieses Verhalten soll einen möglichen Freßfeind verunsichern und ihm vorspiegeln, hier würde ein toter Gegenstand liegen, den es nicht anzugreifen lohnt. Dieses Totstellen wird manchmal von den Jungfischen auch noch nach abgelaufener Eingewöhnungszeit praktiziert. Eine mögliche Gefahrenquelle für die Jungpiranhas wäre in diesem Falle die plötzlich im Aquarium erscheinende, noch unbekannte Hand des Pflegers. Im Laufe der Zeit gewöhnen sich die Jungfische an die regelmäßig erscheinende Hand und verlieren ihre Angst. Das eben beschriebene Schreckverhalten zeigen die Tiere speziell dann, wenn geeignete Versteckmöglichkeiten fehlen. Ansonsten wird dem Totstellen ein akzeptables Versteck vorgezogen. Sollte dieses Schreckverhalten nach einiger Zeit nicht abklingen, dann ist davon auszugehen, daß die Aquariumeinrichtung gravierende Fehler aufweist. Dasselbe gilt übrigens auch für größere Fische, die sich ununterbrochen auf dem Bodengrund aufhalten.

Die schreckhaften und manchmal auch ängstlichen Piranhas benötigen eine viel längere Eingewöhnungszeit als man erwarten könnte. Zuweilen erstreckt sich der Argwohn gegenüber dem neuen Lebensraum über mehrere Wochen bis Monate. Sobald die Piranhas vom neuen Aquarium Besitz ergreifen, beginnen sie damit, ihre „Reviere" abzustecken. Die Revierbildung ist jedoch nicht mit jenem vieler Buntbarscharten gleichzusetzen. Viel eher handelt es sich hierbei um die Sicherung eines bevorzugten Standorts. In den ersten Tagen kann dies viel Unruhe im Aquarium hervorrufen. Der Lieblingsstandort und das als gut empfundene Versteck werden vehement verteidigt. Während der Eingewöhnungszeit kann es sogar geschehen, daß die nervösen Tiere ein „Revier" selbst gegen leblose Gegenstände, wie herumtreibende Pflanzenteile verteidigen. Trotz dieser „Revierbildung" zeigen die Piranhas vor allem während der Jugendzeit ein ausgeprägtes Schwarmbildungsverhalten. Mit zunehmendem Alter nimmt die ausgeprägte Zugehörigkeit zum Schwarm ab, die Piranhas werden aber auch dann eine lockerere Formation beibehalten. Wenn es die Aquariumgröße und die Einrichtung zulassen, so versuchen die Piranhas untereinander, trotz zeitweiliger Attacken, Frieden zu halten. Jüngere Piranhas halten sich auch gerne unter Wurzeln oder Pflanzenbeständen versteckt. Dort können sie einen Großteil des Tages verbringen, ohne sich zu bewegen. Interessant ist, daß sie bei einer im Aquarium genügend vorhandenen Strömung alle in einer Richtung ausgerichtet sind, obwohl sie sich in ihren Verstecken gegenseitig nicht sehen können. Vielleicht ist dieses Verhalten mit jenem der landbewohnenden Raubtiere zu vergleichen. Auch diese halten des Öfteren ihre Nase in den Wind, um eine Beute oder drohende Gefahr zu erschnuppern. Dem gleichzusetzen wäre, daß die Gerüche von den gegen die Strömung ausgerichteten Piranhas am ehesten wahrgenommen werden können.

Die Piranhas in den Zoologischen Gärten

fallen oft durch ihre außerordentliche Ruhe und Gelassenheit auf. Wahrscheinlich geraten sie durch die häufigen Besucher kaum mehr in Panik. In Heimaquarien ziehen sich die Tiere dagegen bei Störungen viel eher in ihre Verstecke zurück. Zum Beispiel können vor einem Aquarium spielende Kinder die Fische in größte Unruhe versetzen. Unter Umständen könnte dies erhebliche Auswirkungen auf das allgemeine Verhalten der Piranhas haben. Ebenso sollten es der Pfleger sowie auf Besuch weilende Personen unterlassen, an die Frontscheibe zu klopfen. Ein Mißstand, der häufig zu beobachten ist, da davon ausgegangen wird, bei den Fischen eine außergewöhnliche Reaktion hervorzurufen. Es wäre sogar möglich, daß eine solche Verunsicherung der Piranhas in Aggressionen gegenüber Artgenossen umschlagen könnte.

**Das Kampfverhalten**

Wie bereits im vorhergehenden Abschnitt angesprochen, sind bei den Piranhas außerhalb der Paarungszeit keine echten Revierbildungen zu erkennen. Ihre bevorzugten Standorte, wie zum Beispiel der günstigste Platz am Fütterungsort, verteidigen sie dennoch. Das Gebiß der Piranhas wäre stark genug, auch die Artgenossen blitzschnell zu töten, trotzdem setzen sie ihre scharfen Zähne sehr selten gegen ihresgleichen ein. Die Kämpfe werden stets mit geschlossenem Maul ausgetragen. Kommt es doch zu Verletzungen unter den kämpfenden Piranhas, so hat dies eine bestimmte Ursache, die es zu ergründen gilt.

Vielleicht sind die Platzverhältnisse im Aquarium nicht ausreichend oder die Wassergüte hat sich drastisch verändert. Letzteres kann den Aggressivitätsgrad der Piranhas beeinflussen. Für die Sicherung der sozialen Ordnung im Aquarium verfügen die Piranhas über eine Anzahl von Droh- und Beschwichtigungsgebärden. In den meisten Fällen kommt es schon gar nicht zum Kampf. Seine Dominanz demonstriert der stärkste Piranha, indem er mit geschlossenem Maul gegen die Flanken seines Widersachers stößt. Oft berühren sich die beiden Fische dabei nicht einmal, da das unterlegene Tier schnell davon schwimmt. Hin und wieder ist zu beobachten, daß zur Verstärkung dieser Drohgebärde das Maul leicht geöffnet wird. Der rangniedrigere Piranha beschwichtigt seinen Artgenossen damit, daß er sich seitlich auf den Boden legt. Je nach Aquariumeinrichtung und Besatzdichte kommt es mehr oder weniger häufig zu solchen kleinen, unbedenklichen Auseinandersetzungen. Bei größeren, echten Ausseinandersetzungen kommt ein festgelegter, stets unblutiger Kampfablauf zum Einsatz (diesen Kampfablauf, respektive Scheinkampf hat MARKL bei *Pygocentrus nattereri* beobachtet, siehe: Zeitschrift für Tierpsychologie, 30/1972). Der Kampf beginnt, wenn sich der Herausforderer quer vor seinem Gegner hinstellt und ihm somit den Weg

*Mit zunehmendem Alter verblaßt beim Roten Piranha,* P. nattereri, *die prächtige Körperfärbung und die Fische werden immer dunkler, bis eine fast schwarze Körperfärbung vorherrscht. Die hier gezeigten Exemplare aus dem Zoologischen Garten in Zürich dürften bereits über 20 Jahre alt sein.*

abschneidet. Wird der Kampf angenommen, dann nimmt der Piranha sofort parallel zum Herausforderer Aufstellung. In der ersten Phase des Kampfablaufs schleudern sich die Gegner mit kräftigen Schwanzbewegungen möglichst starke Druckwellen entgegen. Dies soll die eigene Stärke demonstrieren. Während des Schwanzschlagens senken beide Fische zunehmend die Kopfpartie bis zu einem Winkel von maximal 45°. Meist wird an dieser Stelle das Kampfgeschehen vom schwächeren Piranha abgebrochen. Der Unterlegene schwimmt dafür sofort unter die Wasseroberfläche, wo er regungslos in Seitenlage einige Zeit abwartet. Der Verlierer wird dadurch vom Sieger nicht mehr belästigt. Beim Erzeugen der Druckwellen durch die Schwanzflossen ist das stärkere Tier oftmals schon im voraus an der steiler gesenkten Kopfpartie zu erkennen. Wenn keiner der beiden Fische den Kampf abbricht, dann schwenkt einer der beiden plötzlich nach innen und stößt mit der Schnauze in die Körperseite seines Gegners. Der angegriffene Piranha weicht seinerseits blitzschnell aus und versucht ebenfalls zuzustoßen. Ob sich die beiden Gegner dabei wirklich berühren, ist durch den schnellen Kampfablauf nicht genau zu beobachten. Wahrscheinlich gehen aber die meisten Stöße ins Leere. Der Schlagabtausch wird mehrmals wiederholt, bis einer der beiden den Kampf abbricht und davon schwimmt. Wie beim Abschluß der ersten Kampfphase sucht der Verlierer in Schrägstellung Schutz unter der Wasseroberfläche. Auch jetzt wird er vom Sieger in Ruhe gelassen und die Auseinandersetzung ist auch ohne die messerscharfen Zähne entschieden. Normalerweise ist nach dem Kampf die soziale Stellung der beiden Piranhas für einige Zeit geklärt. Wiederholen sich die Kämpfe aber immer wieder, dann ist eine seltene, aber sehr ungünstige Situation eingetreten. So kann es aus irgendwelchen Gründen, zum Beispiel bei zwei gleich starken Tieren, trotzdem zu Verletzungen kommen. Schlußendlich kann dies sogar für einen der beiden Kontrahenten tödlich enden. Manchmal wird der schwer verletzte Verlierer sogar von den anderen Gruppenmitgliedern attackiert und getötet. Von vornherein ganz anders verlaufen die Auseinandersetzungen in der Paarungszeit, wenn ein Paar, sein Revier bildet. Der vorgesehene Laichplatz wird kompromißlos gegen die übrigen Artgenossen verteidigt.

**TIP:** **Das angeborene Kampfverhalten der Piranhas nennt man Kommentkampf. Bei dieser Form des Kampfs wird es vermieden den Artgenossen größeren Schaden zuzufügen.**

**Das Schwarmverhalten**

Die Schwarmbindung hat bei den Piranhas nicht dieselbe Bedeutung wie bei anderen „echten“ Schwarmfischen. Der Aufenthalt im freien Schwimmraum mit einem zueinander stets ordentlich eingehaltenen Abstand wird anscheinend bevorzugt. Ebenso kann beobachtet werden, daß die Piranhas gewisse Standorte, sozusagen kleine „Reviere“, für sich beanspruchen. Bei sehr dicht bepflanzten Aquarien bekommt der Betrachter hingegen den Eindruck, daß jeder Piranha für sich herumschwimmt, ohne die Artgenossen zu beachten. Nähert sich aber eine Gefahrenquelle, dann zeigen die Piranhas in jedem Fall wieder ihr typisches Schwarmverhalten. Eine Gefahr kann beispielsweise eine zu schnell an das Aquarium herantretende Person bedeuten. Ist die Gefahr vorüber, so verliert sich das Interesse an der Schwarmbildung und die

Piranhas schwimmen wieder auseinander. Ausgewachsene Piranhas können oft stundenlang fast regungslos, in lockerer Schwarmformation ihre Umgebung beobachten. Dabei scheint es für die Piranhas wichtig zu sein, einen Sicherheitsabstand zu den benachbarten Artgenossen beizubehalten. Wird der Sicherheitsabstand nicht eingehalten, so ist mit einer Drohgebärde des Nachbarn zu rechnen. Je länger ein Schwarm zusammen lebt, um so weniger wird der Sicherheitsabstand verletzt. Bei artgerechter Pflege wird dieser Zustand sehr schnell erreicht. Oftmals hat man den Eindruck, daß die Piranhas ihre Umgebung mit großer Aufmerksamkeit beobachten. Ihr Interesse gilt hauptsächlich der Früherkennung von Gefahren oder aber der Ausschau nach einer Futterquelle. Der Schwarm steht verteilt, meist gering schräg nach vorn, nicht unbedingt in die gleiche Richtung oder etwas gegen die Strömung (Filter!), den Kopf gegen die Frontscheibe gerichtet. Auch die Umgebung außerhalb des Aquariums wird genauestens beobachtet, von hinten, wo sich auch die Verstecke befinden, droht ohnehin keine Gefahr. Entsprechend ihrer Erfahrung zeigen Jungpiranhas etwas weniger Selbstbeherrschung. Sie verharren selten lange in eben beschriebener „Lauerstellung", sondern schwimmen stetig herum. Ebenso treten sie bei einer Störung viel schneller den Rückzug in ihre Verstecke an.

Eine tägliche Kontrolle ist unerläßlich, um die Stabilität des sozialen Gefüges zu überprüfen. Bei regelmäßigen Kontrollen durch den Pfleger kann meist frühzeitig auf Warnsignale aus dem Aquarium reagiert werden. Beispielsweise könnten einem stets unterlegenen Fisch weitere Qualen erspart bleiben, wenn er rechtzeitig aus dem Aquarium enfernt wird.

*Trotz ihren messerscharfen Zähnen verletzen sich die Piranhas kaum gegenseitig. Bei entsprechender Pflege verhindert dies ein angeborener, beißhemmender „Mechanismus". Foto: Aquamagazine*

**Wichtige Vorsichtsmaßnahmen**
Hauptsächlich bei der Aquariumpflege ist es unumgänglich, daß der Pfleger hin und wieder mit seinen Händen im Piranhaaquarium gewisse Arbeiten ausführen muß. Verständlicherweise ruft dies bei vielen Leuten einiges an Fragen hervor. Deswegen soll das Thema etwas näher betrachtet werden. Durch eine Unvorsichtigkeit des Pflegers sind Piranhabisse zugegebenermaßen nie hundertprozentig auszuschließen. Unter Wahrung der nötigen Vorsicht sind Unfälle aber äußerst selten. Piranhas, die regelmäßig zu fressen bekommen, zeigen kaum Aggressionen. Wenn die Hand frei von Wunden ist, darf man ohne weiteres (langsam!) in das Aquarium hineingreifen. Weist die Hand des Pflegers einmal eine Wunde auf und die Pflegearbeiten können nicht warten, ist ein eng anliegender Silikonhandschuh anzuziehen. Dieser bietet einen guten Schutz, damit kein Blut ins Wasser gelangt. Nicht zuletzt schützt dieser aber auch vor möglichen Wundinfektionen.
Während des Wasserwechsels, Reinigen des Bodengrunds und Pflanzenpflege befindet sich die Hand des Pflegers eine geraume Zeit im Aquarium. Jungpiranhas gewöhnen sich sehr schnell an die Hand des Pflegers und weichen ihr aus. Sie ziehen sich sogar vielfach verunsichert in ihre Verstecke zurück. Dort bleiben sie auch, bis wieder die gewohnte Ruhe im Aquarium eingetreten ist. Dieses Verhalten werden sie dann auch im Erwachsenenstadium beibehalten. Zwei Vorsichtsmaßnahmen müssen aber berücksichtigt werden. Auf jeden Fall dürfen keine hektischen Bewegungen des Pflegers die Piranhas erschrecken. Zu ihrer Verteidigung könnten sie durchaus einen Angriff wagen. Desweiteren ist unbedingt darauf zu verzichten, gerade jene Pflanzengruppen oder Wurzeln zu versetzen, zwischen denen sich Piranhas verstecken. In die Enge getriebene, schutzlose Piranhas könnten ohne weiteres auch die Hand des Pflegers attackieren. Beim Erwerb bereits erwachsener Piranhas konnten sich diese nicht von klein auf an die Hand des Pflegers gewöhnen. Hier ist vor allem in den ersten Pflegemonaten größere Vorsicht geboten, bis man die Reaktionen seiner Fische genauer kennt. Die Aquariumgröße spielt für den Sicherheitsfaktor eine nicht unerhebliche Rolle. Den Piranhas sollten nämlich genügend Ausweichmöglichkeiten zur Verfügung stehen. Geringe Platzverhältnisse erhöhen zugleich die Gefahr, gebissen zu werden. Für Arbeiten, die einen direkten Kontakt zu den Piranhas nicht ausschließen, ist die Zuhilfenahme von Pflanzenzangen oder ähnliches empfehlenswert. Zieht sich der Pfleger dennoch eine Bißwunde zu, so ist diese von einem Arzt fachmännisch zu versorgen.

**ACHTUNG: Fehlt im Aquarium ausreichend Raum zum Ausweichen, so kann es vorkommen, daß ein laichwilliges Paar die restlichen Gruppenmitglieder tötet.**

In aller Regel ist die Piranhapflege ungefährlich. Bei nur den geringsten Bedenken des Pflegers, gefahrlos im Aquarium zu hantieren, wäre es ratsam, auf geeignete Pflegewerkzeuge zurückzugreifen. Jemand, der nicht frei von Angst ist, läuft Gefahr früher oder später durch eine Fehlmanipulation im Aquarium doch noch von einem Piranha gebissen zu werden. In regelmäßigen Abständen ist von Piranhaangriffen auf die Hand des Pflegers zu hören. Einige Berichte erwähnen sogar, daß Piranhas über die Wasseroberfläche nach den Fingern ihres Pflegers springen. Mit Bestimmtheit sind dies die Resultate eines Fehlverhaltens des Pflegers, wahrscheinlich ausgelöst durch ein herausforderndes Benehmen während der Fütterung

*Die Piranhas kann man zwar nicht gerade zu den typischen, respektive echten Schwarmfischen zählen, dennoch ist ein hohes Gruppenbedürfnis vorhanden. Das macht die meisten Piranhaarten für eine Einzelhaltung ungeeignet. Die Aufnahmen zeigen das Piranhaaquarium im Berner Tierpark Dählhölzli, und sie demonstrieren sehr schön, wie die einzelnen Fische in der Gruppe in lockerer Formation schwimmen.*

oder ähnlichem. Auf jeden Fall sollte man sich bei Bedenken nicht scheuen, Hilfsmittel für die Piranhapflege heranzuziehen. Pflanzenstangen und andere Gegenstände, die den Arm des Pflegers verlängern sind nicht die einzigen Möglichkeiten, sich vor ungewollten Piranhakontakten zu schützen. Zumal solche Instrumente mitunter in der Handhabung nicht für alle Pflegearbeiten sehr gut geeignet sind. Für schwieriger durchzuführende Pflegemaßnahmen, wie Pflanzenpflege oder länger andauernde Arbeiten im Wasser empfiehlt es sich die Arbeitsbereiche im Wasser abzugrenzen. Zum Beispiel zurechtgebogene „Röhren" aus Drahtgitter können, im Aquarium vertikal auf den Bodengrund gestellt, gute Dienste leisten. Die Hand des Pflegers umschließend, verunmöglichen sie es den Piranhas, den Pfleger und sei es nur aus Neugier, zu beknabbern. Solche „Röhren" kann man im Eigenbau, mit verschiedenen Durchmessern, herstellen. Größere Durchmesser sind beispielsweise dazu geeignet, ganze Pflanzengruppen zu umschließen, so daß in aller Ruhe die Pflanzen von faulenden Blättern gesäubert werden können. Ähnliche Konstruktionen kann man sich auch mit Plexiglasplatten herstellen, die in eine rechteckige Form gebogen, ebenso dazu geeignet sind, einen Schutz darzustellen. Zudem besitzen sie den Vorteil, keinen Rost anzusetzen. Unter der Zuhilfenahme von PVC-, Plexiglasplatten oder Glasscheiben ist es auch denkbar, ganze Aquarienteile abzutrennen, um ungestört den Pflegemaßnahmen nachgehen zu können. Es versteht sich wohl von selbst, daß beim Einsatz solcher Schutzvorrichtungen auch darauf geachtet wird, daß sich keine Piranhas in der abgegrenzten Zone befinden. Ansonsten wären die Tiere, so in die Enge getrieben, höchst gefährlich.

Zu guter letzt noch ein paar Hinweise, wenn Kinder und Piranhas in demselben Haushalt leben. Gerade für Kinder stellen die Piranhas eine ungeheure Faszination dar. Bereits im Vorschulalter entnehmen die Kinder aus Zeichentrickfilmen und in Kindergärten, daß es mit den Piranhas etwas besonderes auf sich hat. Selbst noch während der ersten paar Schuljahre können Kinder die relative Gefährlichkeit der Piranhas nicht abschätzen. Da helfen auch alle Ermahnungen nichts. Irgendwann besteht immer die Möglichkeit, daß die Neugier über die Vorsicht siegt, oder aber dem Schulkollegen gegenüber der eigene Mut bewiesen werden soll, indem man ins Aquarium hineingreift. Deshalb gehören Piranhas nicht in „Kinderhände". Wie schnell hat doch ein unbeaufsichtigtes Kind seine Hand im Aquarium, nur um den netten Fischen einmal „guten Tag zu sagen" oder Futter zu reichen. Da genügen schon wenige Sekunden und das Schlimmste ist geschehen. Deshalb gilt: Wenn Kinder und Piranhas im selben Haushalt leben, dann darf die Aquariumabdeckung nicht ohne weiteres geöffnet werden können. Zum Beispiel kann man links und rechts des Aquariums eine abschließbare Vorrichtung anbringen. Eine Möglichkeit wäre das Ankleben von Überfallen an Aquariumscheibe und Abdeckung. Geeignete Klebestoffe oder sogenannte selbstklebende Montagebänder sind im Heimwerkerbedarf erhältlich. Zur Sicherung der Überfallen dienen Vorhängeschlösser. Dieselbe Vorsicht ist auch bei Kindern geboten, die nur auf einen kurzen Besuch bei einem Piranhahalter weilen. In diesem Falle müssen die Kinder ununterbrochen beaufsichtigt werden. Vielleicht erscheint diese Warnung im ersten Moment etwas übertrieben, Unfälle sind jedoch schneller geschehen, als man sich vorstellen kann. Die eben erwähnten Vorsichtsmaßnahmen haben hoffentlich nicht den Eindruck erweckt, die Piranhas seien jene Killerfische, wie man ihnen gerne nachsagt. Die Ausführungen stellen lediglich den Anspruch, den richtigen Umgang mit Wildtieren im häuslichen Umfeld darzulegen.

> **TIP: Die Piranhas besitzen viele interessante Verhaltensweisen, die es zu beobachten lohnt.**

### Die Vorkehrungen für den Urlaub

Die Urlaubszeit ist im Normalfall ein viel kleineres Problem als allgemein angenommen wird. Auch in der Natur müssen die Piranhas über längere Zeit ohne Nahrung auskommen. Voraussetzung ist natürlich, daß die Piranhas artgerecht gehalten werden, damit zum Beispiel zu enge Platzverhältnisse keine Opfer fordern und der schwächste Fisch

Serrasalmus geryi *ist durch eine über der Kopf- und vorderen Rückenpartie verlaufende Linie gekennzeichnet. Die hier dunkelgraue Linie ist bei manchen Exemplaren auch kräftig dunkelrot ausgefärbt.*
*Fotos: Aqualife*

den anderen als Futterquelle dient. Vor allem längere Abwesenheiten, die auch die Durchführung der regelmäßigen Pflegearbeiten nicht mehr gewährleisten, verlangen nach einer zumindest zeitweiligen Betreuung durch eine Vertrauensperson. Diese muß jedoch vorher auf das genaueste instruiert werden. Für die allenfalls ungeübte Urlaubsvertretung ist es vor allem wichtig, zu wissen, wie die Piranhas zu füttern sind und ob oder wie ein Teilwasserwechsel ohne Komplikationen durchgeführt wird. Vielleicht reicht ja im Notfall auch schon das Nachfüllen des verdunsteten Wassers. Alle Fragen über die notwendigen Arbeiten während der Abwesenheit muß der Pfleger zusammen mit der Urlaubsvertretung eingehend besprechen. Ebenfalls darf der Pfleger bei noch ungeübten Urlaubsvertretungen die Piranhas nicht verharmlosen. Vorzugsweise beläßt er es beim vorhandenen Respekt, den die meisten Personen den Piranhas entgegenbringen. Die Instruktionen haben auf einfache und klärende Weise zu erfolgen und die Urlaubsvertretung muß bereit sein, diese auch zu befolgen. Noch besser ist es, alle erforderlichen Maßnahmen zusammen mit der Urlaubsvertretung einmal oder mehrmals durchzuführen. Dies und das Hinterlassen einer Telefonnummer, um möglicherweise auftauchende Probleme zu lösen, sind die besten Voraussetzungen, um dem Pfleger, respektive seiner Urlaubsvertretung unliebsame Erlebnisse zu ersparen. Während der Abwesenheit des Pflegers dürfen die Futtergaben auch in etwas größeren Zeitabständen erfolgen, wenn die Vertretung nicht in der Lage ist, die erforderliche Zeit aufzubringen.

**TIP:** **Sofern die Hand des Pflegers nie während der Fütterungszeiten oder während der Paarung ins Aquarium hineingehalten wird und die Pflegearbeiten ruhig und besonnen durchgeführt werden, ist ein Piranhabiß mit ziemlicher Sicherheit auszuschließen!**

Wurden die Piranhas bis zur Rückkehr nach einem zweiwöchigen Urlaub nicht gefüttert, so haben die Fische vermutlich einen beträchtlichen Appetit. Deshalb ist gleich als Erstes eine Fütterung vorzunehmen. Danach können dann die erforderlichen Pflegemaßnahmen durchgeführt werden. Bei Bedarf können auch weitere Fütterungen – in kürzeren Zeitabständen als normal – die Piranhas wieder ins „Gleichgewicht" bringen, damit die Pflegearbeiten ohne Bedenken durchzuführen sind. Selbstverständlich darf ein bevorstehender Urlaub keinen Grund zur Sorge bieten, denn an und für sich bedeutet eine ein- bis dreiwöchige Abwesenheit des Pflegers, ohne Futtergaben, kein großes Problem für die Piranhas.

### Die häufigsten Krankheitsbilder

Es können die verschiedensten Faktoren zu einer Beeinträchtigung des Gesundheitszustands führen. Die Wasserbeschaffenheit nimmt natürlich einen direkten Einfluß auf die Piranhas.

Auch ein ausreichender und möglichst regelmäßiger Sauerstoffgehalt des Wassers ist wichtig. Ein langsamer Anstieg von Schadstoffen wie Ammoniak und Nitrit im Aquarium wirkt bereits im ungiftigen Bereich ungünstig auf die Piranhas. Sie

**NIE VERGESSEN:** **Der pH-Wert, die Wasserhärte und die Wassertemperatur besitzen eine große Einwirkung auf den allgemeinen Gesundheitszustand.**

führen zu einem erhöhten Aggressivitätsgrad. Neben der Wasserbeschaffenheit ist die Bevölkerungsdichte im Aquarium ein weiterer sehr bedeutsamer Bestandteil für die Gesundhaltung der Fische. Bei zu vielen Piranhas im Aquarium führt das zu einem übermäßigen Streß für die einzelnen Fische. In der Folge davon kann sich die Lebenserwartung um ein vielfaches verkürzen. Eine ausgewogene Ernährung ist für die Vorbeugung von Langzeitschäden bezüglich der inneren Organe ebenfalls unumgänglich. Die Erläuterung allgemeiner infektiöser Fischkrankeiten entfällt, weil den Piranhas eine von Natur aus beachtliche Abwehrkraft gegenüber Erkrankungen nachgesagt wird. Tatsächlich scheinen sie gegenüber Krankheiten, wie parasitärem Befall, ebenso große Widerstandskräfte zu besitzen, wie gegen bakterielle Infektionen oder Pilzerkrankungen. Eine hohe Abwehrkraft ist in der Natur von Nutzen, zumal die Piranhas auch Aas vertilgen. Für die Pflege im Aquarium darf diese Widerstandskraft keinesfalls die hygienischen Maßnahmen ersetzen.

Zu den häufigsten Schäden bei Piranhas gehören von Artgenossen zugefügte Bißverletzungen. Kleinere Bißwunden heilen meist sehr schnell ab. Außerdem ist auch bei tieferen Wunden bereits nach einigen Wochen ein Heilungsprozeß zu beobachten. Gefährlich wird es, wenn bei größeren Wunden die Artgenossen auf den verletzten Fisch aufmerksam werden. Nicht selten wird der geschädigte Piranha weiterhin attackiert, dann getötet und aufgefressen. Dem läßt sich nur durch die Isolation des betroffenen Tiers Einhalt gebieten. In einem separaten Aquarium hätte der verletzte Piranha die Möglichkeit, einer vollständigen Ausheilung der Verletzungen entgegenzusehen. Unter Umständen könnte die Beigabe eines infektionshemmenden Medikaments den Heilungsprozeß unterstützen; vorausgesetzt das Medikament wird vorsichtig dosiert und das Aquariumwasser ausreichend belüftet. Anschließend muß der Piranha erneut seiner Gruppe zugeführt werden, was durchaus wieder zu Auseinandersetzungen führen kann. Mit etwas Glück akzeptiert der Piranhaschwarm den Neuankömmling, ein Erfolg ist aber nicht garantiert. Im schlimmsten Fall kann ein wiedereingebrachter Piranha den Schwarm in große Unruhe versetzen. Das heißt, um die soziale Rangordnung erneut zu festigen, könnten sich wiederum mehrere Piranhas verletzen oder den eben geheilten Piranha töten. Ähnliches könnte sich ereignen, wenn neu erworbene Piranhas einer bestehenden Gruppe zugeführt werden. Die Entscheidung, ob ein verletzter Piranha als verloren gilt, oder ob es sich lohnt, ihn gesund zu pflegen, liegt alleine beim Pfleger. Neue Piranhas dürfen keine Verletzungen am Körper und an den Flossen aufweisen. Auf abgemagerte Fische ist beim Kauf zu verzichten. Übrigens treten bedauerlicherweise bei den im Handel erhältlichen Jungfischen immer wieder Augenverletzungen auf. Als Folge eines ungünstig verlaufenden Transports gelangten die Piranhas in eine Streßsituation und verletzten sich gegenseitig die Augen. Wahrscheinlich stammen die dürftigen Erkenntnisse über mögliche Piranhakrankheiten aus der Tatsache, daß kränkelnde Piranhas bereits vor Krankheitsausbruch von

**TIP:** **Zu den wichtigsten Instruktionen gehört, daß der Urlaubsvertretung eingeprägt wird, niemals vor, während und kurz nach der Fütterung in das Aquarium hineinzugreifen, um irgendwelche Manipulationen auszuführen.**

**HINWEIS:** **Bei einer großen und tiefen Bißverletzung (zum Beispiel bei der Paarung entstanden) kann bereits nach einer Woche der beginnende Heilungs- und Regenerationsprozeß beobachtet werden, der zwei bis drei Wochen später abgeschlossen ist. Das ist erstaunlich, was aber nicht bedeuten soll, so etwas leichtfertig abtun zu dürfen, es ist eine genaueste Kontrolle durch den Pfleger notwendig!**

*Die drei Aufnahmen zeigen* Serrasalmus rhombeus *in drei verschiedenen Altersstadien. Fotos: Aqualife*

ihren Artgenossen aufgefressen werden. Die beste Vorbeugung gegen Schäden sind also der Kauf von gesunden Fischen und die regelmäßig durchzuführenden, hygienischen Maßnahmen im Aquarium.

# Für das Aquarium geeignete Piranhaarten

Es steht weniger die Frage nach der Eignung einzelner Arten für die Aquariumhaltung im Vordergrund, als vielmehr, welche Arten im Handel angeboten werden. Die importierten Piranhas stammen meist aus dem Amazonas- oder dem Orinokogebiet. Der Zoohandel bietet hauptsächlich Wildfänge von *Pygocentrus nattereri* an. Etwas seltener finden sich *P. cariba*, *Serrasalmus rhombeus* sowie *S. piraya* im Händleraqurium. Am meisten wird *P. nattereri* verkauft. Als einzige Piranhaart wurde bisher lediglich *P. nattereri* wiederholt gewerbsmäßig nachgezüchtet. Bei einer gleichmäßigen Größenverteilung unter den Jungfischen handelt es sich vorwiegend um gezüchtete Piranhas. Sofern die Jungfische gesund und kräftig in den Handel gelangen und sie zudem ein lebhaftes und neugieriges Verhalten an den Tag legen, ist der Erwerb von Nachzuchten von Vorteil. Sie besitzen bereits bessere Voraussetzungen für die Aquariumhaltung. Bis vor kurzem war Singapur einer der Hauptlieferanten für den Export von Piranhas nach Europa. Die Lieferungen wurden aber eingestellt. Der Grund liegt in der Befürchtung, daß die aus Zuchtbetrieben in Freiheit entwichenen Piranhas eine Gefahr für die einheimische Bevölkerung darstellen könnten. Hierzu gibt es eine kleine Anekdote: 1995 gelangten trotz des untersagten Handels Piranhas von Singapur nach Europa. Die asiatischen Züchter schätzten das angebliche Piranhaproblem viel geringer als die Behörden ein und verkauften ihre Nachzuchten unter einem anderen Namen. Natürlich flog der Schwindel nach einiger Zeit auf. Heute stammen die in Europa gehandelten Nachzuchten vorwiegend aus Deutschland und Tschechien.

**Roter Piranha oder auch Natterers Sägesalmler**
***Pygocentrus nattereri***

**Synonyme:** *Serrasalmus nattereri, Pygocentrus altus, Pygocentrus stigmaterythraeus, Rooseveltiella nattereri, Serrasalmo piranha, Pygocentrus ternetzi*

Der Rote Piranha gehört zu jenen Arten mit großem Vorkommensgebiet. Er ist im Amazonas- sowie Orinokogebiet, in allen Guyana-Ländern und in den Gebieten des Rio Paraguay, sowie Rio Parana beheimatet. Er zählt zu den aggressivsten Schwarmfischen seiner Familie. Der noch ungeübte Pfleger muß höchste Sorgfalt bei der Pflege aufbringen, um am Ende nicht nur noch ein einzelnes Exemplar im Aquarium zu besitzen.

Die Farbgebung dieser Art ist von Gebiet zu Gebiet sehr unterschiedlich und ist für die Unsicherheit betreffend der Artzugehörigkeit der bis heute durch den Handel bekannt gewordenen Rassen verantwortlich. Zum Beispiel verfügt eine Form über eine rote Afterflosse sowie über einen untypischen schwarzen Fleck hinter den Kiemendeckeln. Sie wird deswegen vielfach mit *P. cariba* verwechselt. Typisch ist jedoch die blaugraue bis bräunliche Rückenfärbung, die an den Körperseiten etwas heller verläuft. Die Kehle, Brust sowie Bauch- und Brustflossen sind vor allem bei jüngeren Exemplaren leuchtend rot gefärbt. Die After- und die Schwanzflosse verfügen über eine dunkel erscheinende Färbung, die nach außen etwas heller wird, mit einem schwarzen Saum an der Außenseite. Die Schwanzflosse kann auch an der Basis einen dunklen, vertikalen Streifen aufweisen, gefolgt von einem hellen; der Saum ist dunkel. Im Alter wird der Rote Piranha zunehmend bräunlicher, die ihn im schwachbeleuchteten Aquarium fast schwarz erscheinen läßt. Dabei verschwindet auch die rote

Pygocentrus cariba.

Färbung der Körperunterseite. Hin und wieder ist bei einem Alttier ein zipfelartiger Fortsatz an der Schwanzflosse zu sehen. Der Geschlechtsunterschied ist kaum zu erkennen. Die rote Kehle ist bei den Männchen etwas ausgeprägter und die Weibchen verfügen über eine etwas gelblichere Körperfärbung. Beide Merkmale können aber als unsicher eingestuft werden.

Mit einer Körperlänge bis zu 30 cm verlangt diese Art nach einem geräumigen Aquarium. Die Zucht ist bislang nur in größeren Schauaquarien zoologischer Gärten regelmäßig gelungen. Große Heimaquarien bieten aber gute Voraussetzungen für die

Vermehrung der Fische. An die Wasserqualität werden mittlere Ansprüche gestellt (pH-Wert 5,5 bis 7,8, bis 20 °dGH). Das Futter hat ausschließlich aus tierischem Eiweiß zu bestehen. Fischfleisch, aber auch Rindfleisch ergeben eine gute Futterkombination. Jungfische nehmen außerdem gerne Lebendfutter aller Art an. Nur regelmäßige und ausreichende Futtergaben beugen dem Kannibalismus vor.

**Getüpfelter Piranha**
***Pygocentrus cariba***
**Synonyme:** *Serrasalmus notatus, S. albus, S. caribe, P. stigmaterythraeus, P. notatus*
Die Vorkommensgebiete des 25 cm langen im Schwarm lebenden Getüpfelten Piranha sind der Orinoko, der Lago del Guarico und viele kleinere und größere Gewässer in Venezuela, wobei die Art sowohl in Fließ- als auch in stehenden Gewässern vorkommt. Was die Aggressivität anbelangt, unterscheidet sich der Getüpfelte Piranha kaum vom Roten Piranha. Auch bei ihm darf der Pfleger nicht unvorsichtig und hektisch im Aquarium hantieren, um mögliche Bißwunden zu vermeiden. Bei unsachgemäßer Haltung wird von den Fischen ein auffallend nervöses Verhalten gezeigt. Die Körperform ähnelt jener des Roten Piranha, ausgenommen die Stirnpartie, welche etwas stärker nach vorn gewölbt ist. Die Jungen und Erwachsenen verfügen beide über eine silbrige Körperfärbung mit einem auffälligen schwarzen Fleck hinter den Kiemendeckeln. Mit zunehmendem Alter verblaßt dieser Fleck. Alle Flossen sind durchscheinend und hell, die Brust- und Bauchflossen besitzen zudem eine rote Tönung. Die Schwanzflosse ist durch einen dunklen, horizontalen Streifen gleich hinter der Schwanzwurzel gekennzeichnet. Die rote Kehle, Kiemendeckel sowie die Brust heben sich in ihrer leuchtend roten Farbe gut von der restlichen Farbgebung des Fischs ab. Teile der Afterflosse weisen ebenfalls rote Stellen auf. Mit zunehmendem Alter dunkelt die Farbgebung ab und die rote Farbe verblaßt zusehends.

Die Haltung und Zucht des Getüpfelten Piranhas ist ähnlich wie beim Roten Piranha.

Ebenso gelten dieselben Ansprüche an die Wasserqualität (pH-Wert 5,5 bis 7,9, bis 20 °dGH). Auch bei dieser Art hat das Futter ausschließlich aus Fischfleisch und beispielsweise Rindfleisch zu bestehen.

Pristobrycon calmoni.

**Schlußlichtpiranha**
***Pristobrycon calmoni***
**Synonyme:** *Serrasalmus bilineatus, Serrasalmus coccogenis, Serrasalmus calmoni*
Diese Art ist im unteren Amazonasgebiet, in Guyana sowie in Venezuela beheimatet. Beim Schlußlichtpiranha handelt es sich um einen etwas friedlicheren Schwarmfisch, der relativ gut mit anderen gleichgroßen Arten vergesellschaftet werden kann. Die Geschlechter dieser Piranhaart können bei erwachsenen Fischen ab etwa zwei Jahre unterschieden werden. Das Männchen verfügt im Gegensatz zum Weibchen über ein schwarzes, senkrecht verlaufendes Schwanzflossenband und weist einen höheren Körperbau auf. Ein weiteres, jedoch schwer zu erkennendes Kennzeichen, bildet die Afterflosse, die beim Männchen stärker gekrümmt ist als beim Weibchen. Trotz der relativ geringen Körpergröße von 15 cm ist die Art besser für größere Aquarien geeignet. Bei guter Pflege gedeiht der Schlußlichtpiranha problemlos, vorausgesetzt, die hygienischen Maßnahmen im Aquarium werden regelmäßig durchgeführt. Bei übermäßiger Verschmutzung des Aquariumwassers sowie des Filters, tritt leicht Flossenfäule auf; eine Besonderheit, die den Schlußlichtpiranha völlig von den anderen Piranhaarten unterscheidet. Mit einem sofortigen Wasserwechsel sowie der Reinigung des Filters ist die Krankheit aber leicht zu stoppen. Zudem empfiehlt es sich bei einer stark fortgeschrittenen Erkrankung der Fische, ein geeignetes Medikament (Furan/Tetracyclin) einzusetzen. In aller Regel heilt dann die Infektion sehr schnell ab. Zur Vorbeugung einer Erkrankung ist der Filter alle zwei Monate gut zu reinigen. Der Schlußlichtpiranha wäre ein Schwarmlaicher, der seine Eier zwischen Pflanzenbüscheln ablegt. Die Zucht ist aber im Heimaquarium kaum möglich.

An die Wasserqualität werden mittlere Ansprüche gestellt. Das Wasser ist sauber und klar zu halten, die geforderten Wasserwerte dürfen – außer bei Zuchtversuchen – auch in höheren Bereichen liegen (pH-Wert 6,5 bis 7,9, 4 bis 25 °dGH). Als Futter ist neben geringeren Mengen an Fischfleisch und Lebendfutter besonders pflanzliche Nahrung anzubieten. Die Futtergaben können hin und wieder auch aus Flockenfutter bestehen. Wird nicht ausreichend gefüttert, so vergreifen sich diese Fische auch gerne an der Aqua-

*Ein Jungfisch der Art* Serrasalmus serrulatus. *Foto: Aqualife*

riumbepflanzung. Im Vergleich zu allen anderen hier beschriebenen Piranhaarten darf die Aquariumbeleuchtung bei dieser Art eine etwas höhere Leistung erbringen.

**Die wissenschaftlichen Namen weiterer Piranhaarten**

In den letzten Jahren war immer wieder von neuen Piranhaarten zu hören, allerdings hat sich bis heute die offiziell gebräuchliche Klassifikation der Sägesalmler kaum nennenswert verändert. Die nachfolgende Auflistung ist daher lückenhaft.

In den Ursprungsländern der Piranhas gibt es noch manche Fischart zu entdecken. Bisher enthielten die vier Untergattungen der Sägesalmler rund 36 Arten. Die Untergattungen heißen *Pygopristis, Pristobrycon, Serrasalmus* und *Taddyella.* Die Systematik ist kein starres Gebilde und wird sich wohl in der nächsten Zukunft auch nicht dazu entwickeln. Die Beschreibung einer neuen Piranhaart und die

**TIP: Es bedarf ausgewiesener Fachleute, die Systematik der Sägesalmler wieder in einen geordneten Zustand zu versetzen. Doch sind auch dann noch Veränderungen zu erwarten.**

Einteilung in die Systematik ist bei weitem keine einfache Sache. Speziell bei Tierarten, die ein weiträumiges Verbreitungsgebiet aufweisen und dazu sehr unterschiedliche Lebensräume besiedeln, zeigt sich nämlich vielfach eine große Variabilität innerhalb der verschiedenen Gruppen. Unter anderem ist das auf die Anpassung an die unterschiedlichen Lebensumstände zurückzuführen. Selbst die augenfälligsten Veränderungen müssen noch nicht auf die Bildung einer neuen Art hinweisen. Ein andersartiger Körperbau, Farbunterschiede oder ein abweichendes Verhalten, sind Beispiele, die als Merkmale einer eigenständigen Art gelten können. Die Wechselwirkung zwischen den Arten und ihrer Umwelt spielt aber ebenso eine große Rolle. Jede Piranhaart nutzt auf ihre Weise die zur Verfügung stehende Umwelt. Daneben steht als lebenserhaltender Faktor auch die Anpassung an das örtliche Nahrungsangebot im Vordergrund. Ebenso hat jede Art eigene Verteidigungsstrategien entwickelt und verfügt ferner über eigene Ausdrucksformen, um den Sozialkontakt aufrecht zu erhalten.

Eindeutige Unterschiede in der Lebensweise verhindern die Kreuzung zwischen zwei

benachbarten Populationen, selbst dann noch, wenn bei sehr nahen verwandten Arten theoretisch die Möglichkeit dazu bestünde. Die Trennung zwischen den einzelnen Arten ist also nicht so streng wie allgemein angenommen wird. Zwischen den Arten bestehen noch manche Übergangsformen.

**TIP:** **Als wichtiges Kriterium zur Entwicklung und Fortbestand einer Art gelten die Fortpflanzungsstrategien. Dazu zählen in der Hauptsache die Balzfärbung, das Balzverhalten, sowie Zeitpunkt und Art der Eiablage und die Brutpflege.**

Die vielen veröffentlichten Einzelbeschreibungen nahmen bedauerlicherweise nur wenig Rücksicht auf die Gesetzmäßigkeiten der Systematik. Auch war man sich in vergangener Zeit noch nicht vollständig über den Artenreichtum und ihrer Verschiedenartigkeiten bewußt. Darüber hinaus haben sich die wissenschaftlichen Arbeitsmethoden erheblich weiterentwickelt und stellen heute die vorhandenen Ordnungen infrage.
Die nachfolgend erwähnte Revision der Namensgebung brachte einiges in Bewegung. Sie stammt von W. L. FINK aus dem Jahr 1993 und verwendet die wieder gültige Gattungsbezeichnung *Pygocentrus* MÜLLER & TROSCHEL, 1845. FINK zählt hierfür drei Arten neu in die Gattung *Pygocentrus*. Die Gattung *Pygocentrus* umfaßt zugleich die in der Öffentlichkeit bekanntesten Vertreter aus der Piranhafamilie. Die Idee der Untergattungen wurde – wie bereits zu erahnen war – aufgegeben. Zudem vertreten weitere Fachleute die Meinung, daß die Piranhas, wenn überhaupt, in Gattungen eingeteilt werden müßten.

**TIP:** **Für den Laien in Sachen Systematik sind nur die Artnamen von Bedeutung, sofern nicht als Synonyme beschrieben, bleiben diese unverändert. Die Fischnamen haben so für den Aquarianer – ungeachtet der Gattungsnamen – Bestand.**

Serrasalmus gibbus *aus dem Pantanal. Foto: Aquamagazine*

Serrasalmus denticulatus, *ebenfalls aus dem Pantanal. Foto: Aquamagazine*

3. ***Pygocentrus nattereri*** aus der Region Mato Grosso in Brasilien, des Amazonas und des Rio Paraguay, wurde von KNER 1860 als *Pygocentrus* beschrieben.

Hiermit stellt FINK ebenfalls die Untergattung *Taddyella* infrage, da er *S. nigricans* als Vertreter der Gattung *Serrasalmus* betrachtet. Und *S. notatus*, ein Name der einst als Synonym für *S. nattereri* galt, wird neu als ein Synonym von *P. cariba* angesehen.

Obwohl zum Teil systematisch noch Unstimmigkeiten herrschen, beinhaltet die nachfolgende Auflistung, wahrscheinlich die bis heute am ehesten anerkannte Einheit.

Verschiedene Autoren hatten über 17 Arten in die Gattung *Pygocentrus* eingeteilt. FINK anerkennt hingegen nur drei Arten: *P. piraya, P. cariba* und *P. nattereri.*

1. ***Pygocentrus piraya*** aus dem Rio Sao Francisco wurde von CUVIER 1819 als *Serrasalmus* beschrieben.
2. ***Pygocentrus cariba*** aus dem Orinoko wurde von HUMBOLDT in HUMBOLDT & VALENCIENNES 1821 als *Serrasalmo* (= *Serrasalmus*) beschrieben.

**Ordnung Characiformes**
**Familie Serrasalmidae**
**Gattung *Pygopristis:***
*Pygopristis denticulatus*
**Gattung *Pristobrycon:***
*Pristobrycon antoni*
*Pristobrycon aureus*
*Pristobrycon calmoni*
(Syn.: *Serrasalmus calmoni, S. bilineatus, S. coccogenis*)
*Pristobrycon emarginatus*
*Pristobrycon gibbus*

*Pristobrycon gymnogenys*
*Pristobrycon humeralis*
*Pristobrycon normani*
*Pristobrycon scapularis*
*Pristobrycon serrulatus*
*Pristobrycon striolatus*

**Gattung *Serrasalmus:***

*Serrasalmus altuvei*
*Serrasalmus brandti*
*Serrasalmus compressus*
*Serrasalmus eigenmanni*
*Serrasalmus elongatus*
*Serrasalmus fernandezi*
*Serrasalmus geryi*
*Serrasalmus hollandi*
*Serrasalmus manueli*
*Serrasalmus nalzeni*
*Serrasalmus niger*
*Serrasalmus nigricans*
*Serrasalmus pingke*
*Serrasalmus rhombeus*
(Syn.: *S. paraense, Salmo rhombeus, S. albus, S. caribi, S. humeralis, S. immaculatus, S. iridopsis*)
*Serrasalmus spilopleura*
(Syn.: *Pygocentrus dulcis, P. melanurus, P. nicricans, Serrasalmus aesopus, S. maculatus*)

**Gattung *Pygocentrus:***

*Pygocentrus cariba*
(Syn.: *Serrasalmus notatus, Serrasalmus medinai, S. albus, S. caribe, P. stigmaterythraeus*)
*Pygocentrus nattereri*
(Syn.: *Serrasalmus nattereri, Serrasalmus ternetzi, Pygocentrus altus, Pygocentrus stigmaterythraeus, Rooseveltiella nattereri, Serrasalmo piranha*)
*Pygocentrus piraya*
(Syn.: *Serrasalmus piraya*)

**Die Verträglichkeit der Piranhas gegenüber Beifischen**

Aus zahlreichen Berichten ist bekannt, daß Piranhas unmöglich mit anderen Fischarten zusammen gehalten werden können. Diese Erkenntnis stammt wohl aus der Tatsache, daß eine Vergesellschaftung von aggressiven Piranhas mit anderen – meist friedlicheren – Fischarten mehrheitlich Schwierigkeiten hervorrufen kann. Trotzdem ist unter gewissen Bedingungen eine Vergesellschaftung möglich.

Die Pflege von Piranhas im Gesellschaftsaquarium unterliegt allerdings zahlreichen Einschränkungen.

Als erweiterter Fischbesatz, sogenannte Beifische, kommen nur wenige Arten infrage. Besonders geeignet ist der Punktierte Schilderwels, *Hypostomus punctatus*. Der friedfertige Einzelgänger wird bis 30 cm lang und ist vor allem in der Dämmerung und in der Nacht aktiv. Tagsüber hält er sich vorzugsweise in seinem Versteck auf. Hin und wieder muß er zusätzlich mit Futtertabletten sowie abgebrühtem Spinat oder Salatblättern gefüttert werden. Mitunter wühlt er auch gern im Bodengrund. Wenn jedoch die Pflanzengruppen mit großen Steinen rundum geschützt sind, dann wird dies kaum Probleme ergeben.

Unter den vielen anderen Vertretern aus der Familie der Harnischwelse, die infrage kämen, sei hier nur noch der Blaue Antennenwels, *Ancistrus dolichopterus*, erwähnt. Diese bis 13 cm lang werdende Art kann auch in Gruppen mit nur einem Männchen gehalten werden. Als am Bodengrund lebende Fische benötigen die Welse viele Unterschlupfmöglichkeiten, die sie in Form von Spalten und Ausbuchtungen unter Moorkienwurzeln vorfinden.

Desweiteren können auch Panzerwelse ein Piranhaaquarium bereichern. Bei genügend

Versteckmöglichkeiten ist vor allem der Gemalte Schwielenwels, *Megalechis thoracata*, ein wahrer Überlebenskünstler. Der bis 18 cm lange Fisch ist außer in der Laichzeit ein sehr friedlicher Fisch. Um Zwischenfälle in der Laichzeit zu verhindern, ist diese Art nur in Paaren und in großen Piranhaaquarien zu halten. Der Gemalte Schwielenwels ist ein guter Restevertilger. Von ihm werden auch größere, liegengebliebene Futterbrocken restlos beseitigt. Sind nicht genügend Futterreste vorhanden, dann kann er zusätzlich mit Futtertabletten gefüttert werden.

Beim Erwerb der Welse ist darauf zu achten, daß diese schon eine gewisse Größe besitzen. So können sich die schnell wachsenden Piranhas besser an sie gewöhnen.

Die Guppys sind eine echte Alternative zu den eben erwähnten Fischarten. Speziell erwachsene Piranhas stellen den sehr kleinen Fischchen kaum nach. Voraussetzung ist jedoch eine dichte Schwimmpflanzendecke aus Hornkraut, *Ceratophyllum demersum*. Darin können sich die Guppys bei Bedarf gut verstecken. Es ist nicht ganz auszuschließen, daß sich ein Piranha hin und wieder an einem kleinen, leicht zu fangenden Guppy vergreift. Doch Guppys sind sehr vermehrungsfreudig und können einen gelegentlichen Verlust eines Artgenossen schnell ausgleichen.

**TIP: Das Einsetzen von Fremdfischen zu einem Schwarm erwachsener Piranhas ist kaum machbar!**

Schwierigkeiten entstehen dann, wenn es die Piranhas nie gelernt haben, fremde lebende Objekte in ihrer Umgebung zu akzeptieren. Ganz junge Piranhas sind jedoch sehr lernfähig. Da im Handel ohnehin meist Jungtiere im Angebot sind, ist eine gleichzeitige Eingewöhnung mit artfremden Fischen einen Versuch wert. Bedingung dafür ist aber ein großes Aquarium, mit mindestens 500 l Inhalt. Der Piranhaschwarm darf dabei nicht mehr als acht Fische aufweisen; darüber hinaus können noch vier bis sechs andere Fische, verschiedenster Arten eingesetzt werden. Natürlich muß die Einrichtung des Aquariums unbedingt genügend Verstecke aufweisen, damit die Mitbewohner bei der Piranhafütterung nicht im Wege sind. Auch wenn alle Kriterien erfüllt sind, wie Aquariengröße, reich strukturierter Lebensraum, lernbereite Jungpiranhas sowie reichliche und regelmäßige Futtergaben, kann es immer wieder zu Unfällen kommen. Besonders alte oder kranke Fische, die durch ihr verändertes Schwimmverhalten den Piranhas auffallen, sind gefährdet.

Im Laufe der Zeit können einzelne Beifische, aber auch Piranhas sterben. Nun liegt es nahe, diese durch neue Individuen zu ersetzen. Vielfach wird ein neu eingebrachtes Tier die soziale Ordnung empfindlich stören. Deshalb muß damit gerechnet werden, daß dieses einem Angriff zum Opfer fallen könnte. Bleiben auch weitere Versuche erfolglos, so ist abzuwarten, bis die vorhandene Population sich so weit verkleinert hat, daß sie wieder neue Fische verträgt – oder aber es ist ganz darauf zu verzichten.

Zusammengefaßt ist zu sagen: Eine Vergesellschaftung von Jungpiranhas mit größeren Fischarten ist in eingeschränktem Maße möglich, eine Garantie auf Erfolg kann jedoch nicht gegeben werden. Doch haben etliche Beispiele gezeigt, daß unter eben genannten Umständen eine Vergesellschaftung so unterschiedlicher Individuen durchaus möglich ist.

*Die Futtergaben sollten dem Piranhagebiß entsprechend verabreicht werden. Die Möglichkeit des Abbeißens braucht an und für sich den Piranhas nicht vorenthalten zu bleiben – denn man kann davon ausgehen, daß das Abbeißen von Beuteteilen eine für die Fische wichtige Verhaltensweise ist. Foto: Aquamagazine*

Die Piranhas zählen zu den Futterspezialisten. Als Raubfische benötigen sie diejenige Nahrung, die sie auch in ihren Heimatgewässern vorfinden. Dazu gehört in der Hauptsache Fischfleisch. An und für sich spielt die Größe und der Zustand der Beutetiere eine untergeordnete Rolle. Vorausgesetzt die Piranhas kennen die ihnen vorgesetzten Futterarten. An neue Futtersorten müssen sie sich mitunter erst gewöhnen. Mit ihren scharfen Zähnen sind die Piranhas in der Lage, mundgerechte Stücke aus ihrer Beute herauszutrennen, deshalb können ihnen auch größere Fischstücke angeboten werden.

Sehr kleine lebende Fische, aber auch Beutetiere, welche die Piranhas an Größe übertreffen, werden jedoch nicht ohne weiteres als Nahrung angesehen. Oft ist zu beobachten, daß die Piranhas sehr behutsam an ihr Futter gehen, vor allem dann, wenn sie es nicht kennen.

Das Piranhaverhalten im Aquarium zeigt, daß bei der Jagd als Gruppe zusammengearbeitet wird. Meistens faßt ein einzelnes Exemplar den Entschluß zum Angreifen und aktiviert somit den Rest der Gruppe. Als Resultat wird erst dann eine Beute von der gesamten Gruppe auf spektakuläre Weise zerfetzt. Interessanterweise werden die Beutefische mit Vorliebe von hinten nach vorne aufgefressen. Manche zoologische Gärten verfüttern deshalb zu Show-Zwecken große lebende Forellen. In einem sehr großen Schaubecken eines zoologischen Gartens mag diese Fütterungsmethode gerade noch funktionieren. Im Heimaquarium ist jedoch von lebenden Futtergaben unter allen Umständen abzusehen. Denn neben der auftretenden Gier, endlich fressen zu können, kommt noch die zusätzliche Erregung hinzu, ein Beutetier zu erlegen. Im Heimaquarium fehlt aber der benötigte Raum, damit schwächere oder langsamere Piranhas einen genügend großen Sicherheitsabstand zu ihren Artgenossen einhalten können. Speziell beim Ausschwimmen eines zu kleinen Bogens, der zugleich den Schluckvorgang der Piranhas beinhaltet, kann es im allgemeinen Getümmel besonders leicht zu Verletzungen kommen. Den Artgenossen werden folglich unschöne und sehr gefährliche Bißverletzungen am Körper zugefügt. Selbst wenn auf lebende Futtergaben verzichtet wird, besteht noch ein genügend großes Restrisiko, daß es versehentlich zu Unfällen kommen kann. Genau aus diesen Gründen verzichten viele Zoologische Gärten auf die Verfütterung von lebenden Fischen. Zudem ist die Verfütterung von lebenden Fischen umständlich und mit Mehrkosten verbunden. Selbst von einem nur einmaligen Versuch, die Piranhas mit lebenden Fischen zu füttern, ist dringend abzuraten. Die daraus entstehende Verunsicherung der Piranhas hätte nachteilige Folgen auf ihr gesamtes Verhalten. Im schlimmsten Falle sehen sie plötzlich in einem ihrer schwächeren Artgenossen eine potentielle Beute.

### Die verschiedenen Futtersorten

Wie beim Menschen ist auch für die Piranhas eine abwechslungsreiche Nahrung für die Gesundheit wichtig. So ist neben Fischfleisch zur Abwechslung Rinderherz sowie Muskelfleisch vom Rind vorzusehen. Fischfleisch deckt vor allem, den für den Knochenaufbau unentbehrlichen Calciumbedarf der Piranhas. Dagegen besitzen das Herz oder die Leber vom Rind einen beachtlichen Nährwert und enthalten viele Vitamine. Auch werden größere, lebende Regenwürmer oder geschälte Garnelen gerne angenommen. Um gesundheitliche Nachteile für die Piranhas zu vermeiden, sind nur qualitativ hochwertige Produkte

aus kontrollierten Angeboten als Futter zu verwenden.
In der Natur ernähren sich die Piranhas hauptsächlich von Fischen. Obwohl das Gebiß der Piranhas die Haut und das Fleisch jedes Säugetiers zu zerteilen vermag, gehört die Jagd nach Warmblütern nicht zu ihren alltäglichen Verhaltensweisen. Einmal von toten, im Wasser treibenden Säugetieren abgesehen, gehören diese zum eher selteneren Nahrungsangebot. Der Futterplan für im Aquarium lebende Piranhas besteht deshalb vorwiegend aus Fischfleisch. Es können sowohl Süßwasser-, wie auch Meeresfische jeglicher Art verfüttert werden. Der Lebensmittelhandel führt ein großes Sortiment an frischem oder tief gekühltem Fisch. Für die Fütterung sind vor allem kleinere Fischsorten sehr geeignet. Zu den ebenfalls sehr empfehlenswerten Futterfischen zählen tiefgefrorene Regenbogenforellen, die ganz oder in Stücke geschnitten verabreicht werden können. Ferner ist ihr Preis sehr vorteilhaft, vor allen Dingen wenn es gilt, einen größeren Bedarf an Futtermitteln einzukaufen. Das Verfüttern des tiefgekühlten Fischfleischs ist allerdings nur im völlig aufgetauten Zustand gestattet.

## Das Aufzuchtfutter für Jungpiranhas

Die Jungfische benötigen für ein ungestörtes Wachstum je nach Alter verschiedene Futtersorten, die in ausreichender Menge zur Verfügung stehen müssen. Da die jungen Piranhas als Raubfische vor allem Lebendfutter vorziehen, ist Flockenfutter eher sparsam einzusetzen. Vielfach verweigern sie ohnehin die Aufnahme des Flockenfutters. Ist dies der Fall, so darf eine Angewöhnung schon gar nicht erzwungen werden. Ein längerer Unterbruch in der Nahrungsaufnahme könnte unter Umständen zu später auftretenden Schäden führen. Je kleiner die Jungpiranhas sind, um so mehr Futtergaben benötigen sie. In ihren ersten Lebensmonaten sogar mehrmals pro Tag. Die Jungfische müssen aber das angebotene Futter auch vollständig verzehren können. Es macht wenig Sinn große Futtermengen auf einmal anzubieten. Die Überschüsse verderben und beeinträchtigen die Wassergüte. In welchem Altersstadium den Jungpiranhas größere Futtertiere gereicht werden können, ist von ihrem Wachstum abhängig. Das fortschreitende Wachstum unterliegt vielen Faktoren. Junge Piranhas wachsen in der Regel sehr schnell, dies ist aber auch von

*Ein Schwarm mehrere Wochen alter Jungpiranhas im Aufzuchtaquarium des Zoologischen Gartens von Basel.*

**HINWEIS: Bereits ab circa 9 cm Länge vermögen junge Piranhas zum Beispiel kleineren, ganzen Goldfischen problemlos Brocken herauszubeißen: Zubeißen, heftige Kaubewegungen, Schütteln – schon ist ein Stück herausgetrennt (mit einer Nähnadel ist es nicht möglich, senkrecht durch solche Goldfischschuppen zu stechen!).**

den allgemeinen Bedingungen im Aquarium und dem Nährwert der Futtertiere sowie der Anzahl täglicher Futtergaben abhängig. Wann genau auf größere Futtertiere umgestellt werden muß, ist der Aufmerksamkeit des Pflegers überlassen.

Bei Jungpiranhas gilt die Richtlinie, daß das Futter nie größer sein darf, als im Maul Platz vorhanden ist. Frischgeschlüpfte Piranhas besitzen eine bereits ansehnliche Körpergröße und können mit Salinenkrebschen, *Artemia salina*, gefüttert werden. Das Ausbrüten von Salinenkrebschen ist nicht schwer. Die gekauften Eier werden in Wasserflaschen mit Salzwasser gegeben. Das Salzwasser wird durch eine Membranluftpumpe gut belüftet und die Eier werden in ständiger Bewegung gehalten. Die genaue Zuchtanleitung liegt den Packungen bei. Je nach Wassertemperatur schlüpfen schon nach 24 bis 48 Stunden die ersten Larven. Damit diese heranwachsen können, ist die Salzkonzentration zu erhöhen und ein entsprechendes Futter für Salinenkrebschen dem Wasser beizugeben. Der Handel bietet auch spezielle Behälter für die Salinenkrebszucht an.

Bei gutem Wachstum der Piranhas können nach mehreren Wochen schon größere Salinenkrebschen verfüttert werden. Gleichzeitig ist auch mit der Fütterung von anderem Kleinstlebendfutter, wie Wasserflöhen und *Cyclops*, zu beginnen. Nach einigen Monaten kann man auch dazu übergehen Mückenlarven oder *Tubifex* zu verfüttern. Diese Futtergaben sollten sich mit geschabtem Rinderherz ergänzen. Das Rinderherz wird dafür tiefgefroren, so läßt es sich mit einer Reibe in geeignete Portionen raspeln. Der Rest des Rinderherzens ist sogleich in das Tiefkühlfach zurückzulegen, so bleibt es bis zum nächsten Fütterungstermin wiederverwendbar. In derselben Weise ist auch regelmäßig Fischfleisch zu verfüttern. Mit zunehmendem Wachstum müssen aber die Futterstücke laufend größer werden, um den Piranhas ihr angestammtes Freßverhalten weiterhin zu ermöglichen. Hierfür sind zum Beispiel Fischfilets besonders geeignet. Ob- schon die Jungpiranhas über scharfe Zähne verfügen, bereitet ihnen das Durchtrennen der zähen Haut der Futterfische einiges an Problemen. Deshalb sollten die Fischfilets vor dem Verfüttern enthäutet werden.

### Das richtige Füttern

Das richtige Vorgehen bei der Piranhafütterung ist sehr wichtig. Vor allem vermeidet man damit gegenseitige Verletzungen, da die Piranhas bei der Futteraufnahme blitzschnell zubeißen. Die Futterstücke müssen deshalb auf eine Weise verabreicht werden, daß sich die Piranhas nicht behindern oder gar aus Versehen gegenseitig Bißwunden zufügen.

Jungpiranhas nehmen ihr Futter bereitwillig vom Bodengrund auf. Selbst *Tubifex*, die sich über dem Bodengrund winden, werden von Jungfischen zielsicher gejagt. Ebenso wird auch an der Oberfläche schwimmendes Futter angenommen. Erwachsene Piranhas konzentrieren sich aber vor allem auf frei im Wasser schwebende, beziehungsweise absinkende Futterbrocken. Hin und wieder fressen natürlich auch erwachsene Piranhas Wasserinsekten, wie Mückenlarven. Doch ist Fischfleisch, entweder in Stücke geschnitten, oder aber in Form von ganzen Fischen als das beste Futter anzusehen. Die Fischstücke, oder zur Abwechslung gereichte Fleischbrocken, können bei der Fütterung einfach in das Aquarium hineingeworfen werden. Die Problematik dieser Fütterungsmethode liegt aber in der Unkontrollierbarkeit des Vorgangs. Meistens ist es ein einzel-

*Piranha beim Fressen. Das Fischstück wird vom Piranha schnell angeschwommen, um ein großes Stück herauszutrennen. Kaum zugebissen, schwimmt der Piranha blitzschnell weg, so daß der Freßvorgang kaum zu beobachten ist.*

ner Piranha, der es als erster wagt, einen Bissen aus dem Futterstück herauszureißen. Dies gibt den Artgenossen den Mut, sich ebenfalls gierig auf das Futter zu stürzen. Einmal kurz zugebissen und zugleich erfolgt eine kurze, aber um so heftigere Schüttelbewegung, um einen Bissen herauszutrennen. Nach dem Abbeißen läßt der Piranha für eine kurze Zeit von seiner Beute ab, um während eines schnell geschwommenen Bogens das Stück hinunterzuschlucken. Der Freßvorgang wiederholt sich in gleicher Weise bis der Hunger gestillt ist. Die Futteraufnahme verläuft dermaßen schnell, daß sie im Gewimmel einer Gruppe fressender Piranhas kaum zu beobachten ist. Der entstehende Futterneid bewirkt ein wildes Durcheinander. Manchmal verlieren die Piranhas dabei sogar die Kontrolle über ihr Angriffsziel und vergreifen sich irrtümlich an ihren Artgenossen. Diese Gefahr besteht vor allem, wenn das Futterstück zu schnell absinkt, die Piranhas sich aber noch im Freßrausch befinden. In der Regel bleibt davon eine Bißwunde oder eine verstümmelte Flosse zurück. Besonders aber in zu kleinen Aquarien kann es zu Kannibalismus kommen. Die meisten Opfer beim Kannibalismus sind durch Zufallsbisse stark geschädigte Tiere. Ebenfalls gefährdet sind viel kleinere Artgenossen, deren Wachstum zurückgeblieben ist. Eine Anhäufung der auf Fütterungsfehlern beruhenden Zwischenfälle dezimiert in kürzester Zeit den Bestand auf ein oder zwei Tiere. Nicht nur in kleineren Aquarien muß deshalb versucht werden, die Piranhaattacken auf die Futterbrocken in eine möglichst vorgegebene Richtung zu lenken. Das hört sich einfacher an, als es in Wirklichkeit ist. Am besten befestigt man hierfür die Fleisch- oder Fischbrocken an einen Bindfaden, der am Ende mit einem Stück Draht verstärkt ist. Der Draht muß aber so geformt sein, daß er die Piranhas beim Fressen weder behindert noch verletzen kann. Eine zu einem Bogen geformte Schlaufe, die keine spitzen Enden aufweist, wäre zum Beispiel geeignet. Der Draht verhindert, daß die Piranhas per Zufall den Futterbrocken vom Bindfaden abtrennen können. Je nach Anzahl der Schwarmmitglieder, Größe des Futterstücks und Aquariumgröße, ist pro zwei bis vier Piranhas eine derartige Freßhilfe auszulegen. Die Futterstücke müssen in mittlerer Aquariumhöhe sowie im freien Schwimmraum zu hängen kommen. Im weiteren ist darauf zu achten, daß die vorgesehenen Futterstellen nicht zu nahe beieinander liegen. Ein Abstand von 20 bis 60 cm ist je nach Situation angebracht. Die Bindfäden müssen auch immer an derselben Stelle über dem Aquarium angebracht werden. So können sich die Piranhas an die vorgegebenen Futterpositionen gewöhnen. Als Befestigungsmöglichkeit dienen über dem Wasserspiegel aufgeklebte Querstäbe. Die Piranhas akzeptieren die Freßhilfen sowie die vorgegebenen Futterpositionen umgehend und kommen sich dadurch beim Fressen etwas weniger in die Quere. Ein Vorteil dieser Fütterungsmethode ist auch, daß sonst zu Boden sinkende Futterstücke nicht unbeachtet, oder für die Piranhas unerreichbar zwischen Pflanzen oder Dekorationsgegenstände zu liegen kommen. Liegengebliebene Futterrückstände würden ansonsten im beheizten Aquarium schnell verderben und die Wasserqualität entsprechend beeinträchtigen. Darüber hinaus kann es vorkommen, daß ältere Piranhas einmal am Boden angelangte Futterstücke ignorieren. Sollten trotz dieser Fütterungsmethode größere Futterstücke am Boden zurückbleiben, dann müssen sie entfernt werden.

**HINWEIS:** Querleisten sind bei vielen Aquarien bereits vorhanden.

Die von den Piranhas benötigten Futtermengen variieren sehr stark. Zwischendurch kann es sogar vorkommen, daß erwachsene Exemplare über mehrere Tage die Futteraufnahme verweigern. In dieser Zeit scheinen sie völlig gesättigt zu sein. Die Fütterungsintervalle können täglich in kleineren Mengen oder alle zwei Tage in etwas größeren Mengen erfolgen. Vorzugsweise überläßt man den Piranhas den Entscheid über ihren Nahrungsbedarf, indem man täglich Futter anbietet, den Rest aber nach circa 30 Minuten wieder aus dem Aquarium entfernt. Hierfür ist die Fütterungsmethode mit dem Bindfaden besonders einfach in der Handhabung.

**NIE VERGESSEN: Während der Fütterungszeit hat die Hand des Pflegers nichts im Aquarium verloren. Selbst wenn bei den Reinigungsarbeiten die Hand des Pflegers gemieden wird, zur Fütterungszeit unterscheiden die Piranhas nicht mehr zwischen einem gut gemeinten Eingreifen und einem leckeren Futterstück.**

Unerwartet reagieren Piranhas, wenn den an kleine Futterstücke gewohnten Tieren plötzlich ein ganzer, toter Fisch in das Aquarium gehängt wird. Der Beobachter wird erstaunt feststellen, daß die Piranhas nicht wie gewohnt zu fressen beginnen. So kann es mitunter Stunden dauern, bis ein einzelner Fisch den Mut aufbringt, in die Nähe des für ihn unbekannten Objekts zu gelangen und ein Futterstück heraustrennt. Erst mit der Zeit werden die Piranhas lernen, das neue Futter ohne Angst zu nutzen. Dies beweist, daß nicht nur allein der Geruch von Fischfleisch automatisch die Gier zum Fressen auslöst. Faktoren, wie die Größe des Hungers und der Bekanntheitsgrad der Beute spielen eine Rolle. Ebenso ist anzunehmen, daß in der Natur auch Geräusche, die Oberflächenbewegung des Wassers, allfälliger Blutgeruch, die Größe und Körperform der Beute einen Angriff auslösen können. Beutefische mit einer ähnlichen Körperform wie die der Piranhas werden überwiegend verschont. Der Schutzmechanismus, der es vermeiden soll, daß sich die Artgenossen gegenseitig anfallen, versagt leider bei ungünstigen Aqua-

Trägheit. Im vollgefressenen Zustand ruhen die Piranhas sehr gerne aus, dann stehen sie über mehrere Stunden fast bewegungslos am gleichen Ort.

Mit der Art und Weise wie die Piranhas ihr Futter erhalten, ist ihr Verhalten maßgeblich zu beeinflussen. Wahrscheinlich entstehen am wenigsten Probleme, wenn die

riumverhältnissen des Öfteren. Dies könnte ein Grund dafür sein, daß den Piranhas Kannibalismus nachgesagt wird.

Nach der Nahrungsaufnahme beruhigen sich die Piranhas sehr schnell und ihre vorhergehende Unruhe weicht einer offensichtlichen

Piranhas an die Aufnahme von kleinen Futterstücken gewöhnt werden. Wird von Jugend an dauernd mit dieser alternativen Methode gefüttert, dann nehmen die Piranhas oft auch noch im Alter Futter vom Boden auf. Bei regelmäßigen Futtergaben kommt beim Fressen

*Die wie hier abgebildeten, eher großflossigen Guppys werden durch ihre Auffälligkeit und ihr Unvermögen, schnell auszuweichen von den Piranhas nicht selten gefressen. Dagegen können kleinflossige Zuchtguppys oder gar Wildformen sehr gut zusammen mit Piranhas vergesellschaftet werden.*

*Rinderherz kann vitaminiert und püriert an junge Piranhas verfüttert werden. Als Nahrung für erwachsene Piranhas ist es weniger gut geeignet. Foto: bede-Verlag*

# Die Piranhazucht
## am Beispiel von *Pygocentrus nattereri*

Meist begnügt sich der Aquarianer damit, Piranhas im Heimaquarium artgerecht zu pflegen. Plötzliche Zuchterfolge daraus sind eher als Zufall zu betrachten. Selbst wer versucht, Piranhas gezielt zu züchten, ist nicht immer erfolgreich, denn die Piranhas zählen zu jenen Fischarten, die sich im Aquarium eher schwer vermehren lassen. Doch vielleicht gerade deswegen wird manch ein Piranhapfleger es trotzdem versuchen, seine in Obhut genommenen Fische zur Vermehrung zu bringen. Gelingt die Zucht erst einmal, so erweisen sich die Eltern als ungeheuer produktiv und bald ist man Eigentümer eines stolzen Piranhaschwarms. Leider ist zu sagen, daß die Piranhas nicht gerade zu jenen Fischen zählen, die eine weite Verbreitung in den Heimaquarien aufweisen. So ist es vorteilhaft, wenn schon vor Zuchtbeginn die Unterbringung der Jungtiere sichergestellt ist. In der natürlichen Umgebung laichen die Piranhas vor und während der Regenzeit, zwischen April und Mai, ein zweites Ablaichen ist außerdem im August bis September möglich. Genau während dieser Zeit laichen die Piranhas auch im Aquarium ab.

Über das Eintreten der Geschlechtsreife von Piranhas liegen bis heute noch keine umfangreichen Erkenntnisse vor. Sie dürfte aber im Aquarium etwa nach 15 Monaten bis zwei Jahren eintreten, wobei die Tiere bereits eine Körperlänge von 15 bis 18 cm aufweisen müssen. In der Regel nimmt die Fruchtbarkeit der Piranhas bereits nach sechs bis sieben Jahren schnell ab. Damit haben jedoch die Eltentiere ihre Lebenserwartung noch lange nicht erreicht.

Bei guter Pflege dürften die Piranhas ein stattliches Alter erreichen. Obwohl genaue Zahlen aus der Piranhahaltung aus Heimaquarien fehlen, dürften sie bei entsprechender Pflege weit über 15 Jahre alt werden – für den Pfleger sicher eine richtige Herausforderung. Voraussetzung zur Erreichung einer hohen Lebenserwartung ist, daß die Pflegebedingungen sehr gut sind. Die Einhaltung der regelmäßigen Pflegemaßnahmen ist hierfür nur ein Kriterium, um den Fischen ein langes Leben zu ermöglichen.

**TIP:** **In einzelnen Fällen erreichten Piranhas in zoologischen Gärten ein Alter von 25 bis 30 Jahren, vielleicht können sie vereinzelt noch älter werden.**

### Die Technik für das Zuchtaquarium

Im Vergleich zu anderen Fischarten benötigt die Piranhazucht normalerweise keine besonderen technischen Einrichtungen. All jene Komponenten, die für die artgerechte Piranhapflege benötigt werden, stellen auch die Voraussetzungen, um mit einer Zucht beginnen zu können. Im Gegensatz zu einigen anderen schwer zu züchtenden Aquariumfischarten, ist das Zuchtaquarium für Piranhas einzurichten. Das Einrichten eines Zuchtaquariums erfolgt folgendermaßen: Die ideale Aquariumgröße beträgt zwischen 500 und 700 l Wasserinhalt, wobei bei geringem Platzbedarf und nur einem Zuchtpaar auch 300 l Aquarien in Betracht kämen; sofern man überhaupt in der Lage ist, die schwer zu erkennenden Geschlechtsunterschiede festzustellen. Deswegen ist diese Möglichkeit eher als theoretische Feststellung zu betrachten. Die Einrichtung eines Zuchtaquariums besteht – wie bereits angesprochen – aus denselben Elementen, die auch bei der normalen Piranhahaltung benötigt werden. Nämlich aus einem dunklen Bodengrund, vielen Wasserpflanzen und diversen Einrichtungsgegenständen, die ausreichende

Serrasalmus serrulatus. *Foto: Aquamagazine*

Versteckmöglichkeiten gewährleisten. Ebenso ist eine gute Filterung des Wassers sowie eine ausreichende Beheizung Voraussetzung für einen Zuchtbeginn.

**TIP: Damit die Piranhas ablaichen, benötigen sie viel Ruhe. Störungen außerhalb des Aquariums können sich durchaus als nachteilig erweisen.**

Um die Piranhas in Fortpflanzungsstimmung zu versetzen, ist bei Bedarf auf einen altbewährten Kunstgriff zurückzugreifen. Hierfür sollte während der natürlichen Laichzeit die Wassertemperatur mit gleichzeitigem Wasserwechsel auf 28 bis 30 °C erhöht werden. Zeigen die Piranhas nicht die erhofften Reaktionen, und das Ablaichen bleibt deswegen aus, ist nach zwei bis drei Wochen die Temperatur wieder auf das Normalmaß herabzusetzen. Vielleicht klappt es ja beim nächsten Mal. Jedenfalls sind nach einem erfolglos verlaufenden Zuchtversuch alle notwendigen Kriterien zur Vermehrung auf ihre Richtigkeit zu überprüfen.

**Das Zuchtwasser**

Überwiegend wird Trink- respektive Leitungswasser für das Zuchtwasser zur Anwendung kommen. Das Wasser und seine Eignung zum Züchten von Piranhas ist von der vorgegebenen Leitungswasserqualität am Wohnort des Pflegers abhängig. Je nach Beschaffenheit des Leitungswassers muß dieses aufbereitet werden, denn man wird wohl an keinem Ort Leitungswasser vorfinden, mit dem nicht die Möglichkeit bestünde, Piranhas zu züchten. Im ungünstigsten Falle ist aber zu hartes Leitungswasser zu enthärten. Wichtig ist die Gewißheit des Pflegers, eine möglichst gleichbleibende Wasserqualität aufzubereiten. Denn neben der Wasserbeschaffenheit ist ihre gleichbleibende Qualität fast noch wichtiger. Erstaunlicherweise darf die Wasserqualität für die Zucht eine relativ hohe Spanne, bezüglich der Wasserwerte einnehmen. So gelangen schon Zuchten im Zoologischen Garten von Zürich mit Wasserwerten von pH-Wert 8 und 19 °dGH sowie einer Temperatur von 26 °C (im zoologischen Garten von Basel laichten die Piranhas bei 12 °dGH und 8 °KH). Jedoch ist stets zu bedenken, je näher die Wasserwerte an jene der Natur herankommen, desto größer werden die Chancen auf einen Erfolg. Neben der Wasserqualität ist auch die Beibehaltung der bestmöglichen Wasserhygiene für die Zuchtresultate verantwortlich.

**Die Auswahl der Zuchttiere**

Bei *Pygocentrus nattereri* ist es ziemlich aussichtslos, anhand äußerer Merkmale ein geeignetes Zuchtpaar zusammenzustellen. Viele Piranhaarten weisen kaum markante Geschlechtsunterschiede auf. Bei vielen Arten ist das Männchen etwas schlanker gebaut, was mit bloßem Auge aber nur schwer zu erkennen ist. So bleibt stets eine Ungewißheit bestehen, bis die Geschlechterbestimmung durch die Eiablage bestätigt wird. Von allen Piranhaarten, die regelmäßig in Aquarien gehalten werden, macht da gerade noch der Gefleckte Sägesalmler, *Serrasalmus rhombeus*, eine Ausnahme. Doch auch bei ihm ist eine zipfelförmig verlängerte Afterflosse, im Gegensatz zu jener des Weibchens, die geradlinig ausläuft kein sicheres Merkmal.

Am einfachsten erhält man ein Zuchtpaar, indem man einen Schwarm von sechs bis acht geschlechtsreifen Piranhas zusammenstellt. Stehen die Aquariumbedingungen in Einklang zueinander, dann wird sich früher oder später ein Paar aus dem kleinen Schwarm zur Eiablage zusammenfinden.

**TIP: Es gilt, von Beginn an das Geschehen im Aquarium aufmerksam zu beobachten, um die restlichen Gruppenmitglieder vor möglichem Schaden zu bewahren!**

Ein laichwilliges Piranhapaar, insbesondere das Männchen, wird kaum Artgenossen in der unmittelbaren Umgebung des Laichplatzes dulden. Anfangs begnügt sich das Paar noch damit, die Artgenossen durch gezielte Attacken zu vertreiben. Sofern die beiden Geschlechter bestimmt werden können, sind zu diesem Zeitpunkt die restlichen Tiere aus dem Aquarium zu entfernen, da für sie die Gefahr angegriffen zu werden stetig zunimmt. Im schlimmsten Fall kann ein laichbereites Paar den gesamten Bestand eines Aquariums dezimieren. Auch für den Pfleger gilt, die Piranhas in diesem Stadium als für unberechenbar einzustufen. Deshalb ist es von Vorteil, nicht mit den Händen ins Aquarium zu greifen, da das Laichrevier schon vor dem Ablaichen gegen alles verteidigt wird. Der günstigste Fall ist daher von vornherein, die Zuchtgruppe in ein ausreichend großes Aquarium einzusetzen. Damit erspart man sich ein meist sehr mühsames und nicht ganz unproblematisches Herausfangen der überzähligen Piranhas.

### Wann und wie wird abgelaicht?

Eine der eindrücklichsten und wahrscheinlich auch detailliertesten Beobachtungen der Balz und Paarung von *P. nattereri* führte Wirz-Hlavacek im Zoologischen Garten Basel durch (DATZ 12/94). Nachfolgend sollen nun diese Erkenntnisse wiedergegeben werden, da sie wohl am ehesten in der Lage sind, mit den sehr unterschiedlich ausfallenden, früher durchgeführten Beobachtung zu konkurrieren. (Anmerkung: Die Wiedergabe der von Dr. Wirz-Hlavacek gemachten Beobachtungen sind hier gekürzt.) Am Morgen, etwa ein bis zwei Tage nach dem erfolgten Wasserwechsel, respektive Temperaturerhöhung, sonderte sich ein paarungswilliges Männchen vom übrigen Schwarm ab. Vor Eintritt des Ablaichens verändert das laichwillige Paar die Farbgebung. Die Rotfärbung der Bauchunterseite wird intensiver, und die übrige Färbung verliert etwas an Intensität. In der Zeit höchster Erregung wechselt die Farbe sogar bis ins Tiefschwarze, und die Rotfärbung verblaßt. Mit zunehmender Aggressivität wurde der zur Laichabgabe vorgesehene Platz im Kreis umschwommen und verteidigt. Zunächst biß das Männchen die Blätter, in der Folge darauf auch die Stiele der Wasserpflanzen

Ein Pärchen der Roten Piranhas im vorbereiteten Zuchtaquarium. Gut ernährte Rote Piranhas sind relativ leicht zu züchten.
Fotos: Hiroshi Azuma

Nachdem das Nest vom Männchen vorbereitet wurde, lockt es das Weibchen durch Führungsschwimmen zum späteren Laichplatz.

ab, die in der unmittelbaren Umgebung des ausgewählten Laichplatzes im Wege standen. Eine Anzahl Stiele der Wasserpflanzen blieben noch etwa 5 cm über dem Bodengrund stehen, diese boten später den Jungfischen etwas Deckung. Abwechslungsweise mit dem Abbeißen der Pflanzen, begann das Männchen auch die Laichgrube auszuheben.

*Vor dem Ablaichen wirkt der Körper des Männchens glänzender und farbiger als der des Weibchens. Fotos: Hiroshi Azuma*

*Nach dem Umeinanderschwimmen und weiteren Balzhandlungen kommt es bald zum ersten Ablaichen des Piranhapärchens.*

Dafür stieß es bei senkrechter Position, aus gekrümmter Körperhaltung heraus kraftvoll in den Bodengrund, um den Sand ins Maul aufzunehmen. Anschließend umschwamm es den Laichplatz und spuckte den Sand wieder aus. Der Vorgang war solange zu beobachten, bis die Laichgrube die gewünschte Größe erhalten hatte. Die Arbeiten des Männchens wurden dabei wiederholt durch Artgenossen gestört, die es jedoch kompromißlos vertrieb.

*Die Roten Piranhas geben ihre Eier und Spermien über dem Nest ab, ähnlich wie es bei manchen Cichliden geschieht. Fotos: Hiroshi Azuma*

*Die großen Eier sind dotterreich und werden zwischen dem Pflanzenmaterial des Nests deponiert.*

*Im Alter von zwei Wochen sind die jungen Roten Piranhas etwas über einen Zentimeter lang. Foto: Hiroshi Azuma*

Zwischen dem Aufnehmen des Sands hatte das Männchen auch immer wieder kräftig auf den Bodengrund geblasen, der somit erzeugte Wasserstrahl wirbelte die Sandkörner heftig auf und erfüllte gewissermaßen eine Putzfunktion. Gegen den späteren Nachmittag näherte sich dem Männchen vorsichtig das laichwillige, dunkel gefärbte Weibchen. Das Männchen vertrieb es zuerst ebenfalls auf das heftigste, bis es schließlich durch Anschwimmen und Körperberührungen die Aufforderung erhielt, den Laichplatz mitzuputzen.
Die Balz eröffnete das Männchen mit Schlängelbewegungen, die zur Schwanzflosse hin in einer Zitterbewegung endeten. Das Vorspiel dauerte mit Unterbrechungen mehrere Stunden bis es endlich zur Paarung kam. Das Männchen umschwamm das Weibchen dabei mehrmals im engen Kreis, wobei es sich in senkrechter Körperhaltung mitdrehte, anschließend waagerecht stellte und in dieselbe Zitterbewegung des Männchens überging. Verfiel nun das Weibchen von vornherein aus der Parallelstellung heraus in eine Zitterbewegung, sowie beide mit ihren Rükkenflossen starke Fächerbewegungen ausführten, so erfolgte übergangslos die Paarung. Die ruckartigen Zuckungen des Weibchens zeigten dem Männchen jeweils die Laichbereitschaft an. Mit gebogenem Schwanzende schwamm das Männchen umgehend mit seinem Weibchen zur Laichgrube. Über der Laichgrube drückte das Männchen mit seiner Schwanzflosse dem Weibchen zwischen die After- und Schwanzflosse. Sofort kippte das Männchen seitwärts und umschloß mit der Schwanzflosse die Genitalöffnung des Weibchens. Jetzt, beim langsamen Überschwimmen (mit Schlängelbewegungen) der Laichgrube, gaben beide Partner gleichzeitig jeweils die transparenten Eier oder das Sperma ins Wasser ab. Nach erfolgter Paarung löste das Männchen seine „Umklammerung“ und schwamm davon, während das Weibchen das Gelege umkreiste. Der Paarungsakt wiederholte sich in gleicher

**TIP:** **Die Größe der Gelege in Heimaquarien ist sehr unterschiedlich und liegt je nach dem, zwischen 500 und 2.000, zuweilen sogar über 4.000 transparenten Eiern.**

Weise 20 bis 30 Mal und dauerte jeweils sieben bis neun Sekunden, mit Unterbrüchen von etwa ein bis vier Minuten.
Zum Ende der Eiablage duldete das Männchen sein Weibchen gerade noch ein bis zwei Stunden in seiner Nähe, bis er es endgültig vertrieb. Wird die Brutpflege wahrgenommen, dann fächelt das Männchen mit seinen Brustflossen den Eiern frisches Wasser zu, indem es sich geduldig im Kreis schwimmend über dem Gelege dreht. Auch ist schon mehrmals beobachtet worden, daß das Männchen abgestorbene Eier aus dem Gelege entfernt hat. Hiermit verhindert es ein Übergreifen von auftretenden Pilzschäden auf die noch gesunden Eier.
Der Vorgang der Balz und das Ablaichen ist in Heimaquarien leider sehr selten zu beobachten. Vermutlich verhindert bereits die geringste Störung den Laichakt. Die Eier werden bevorzugt am Abend zwischen 19.00 bis circa 22.00 Uhr abgelegt. Bisweilen auch etwas später, je nach Gegebenheiten im Aquarium, speziell aber dann, wenn zu helle Lichtverhältnisse nach einer Zeitverschiebung verlangen. Im Zoo Basel laichten die Piranhas meist zwischen 23.00 und 6.00 Uhr morgens. Sind die Eier erst einmal abgelegt, so beginnt auch für den Pfleger die eigentliche Arbeit. Nun gilt es die kleinen Piranhas aufzuziehen.

### Die Aufzucht der Piranhabrut

Die weitaus günstigste Möglichkeit, die Piranhas schlüpfen zu lassen ist es, die Eier aus dem Zuchtaquarium in ein Aufzuchtaquarium umzusiedeln.
Die Eier sind, auch wenn sie durch ihre Klebrigkeit am Bodengrund haften, im Gegensatz zu den kleinen Piranhas, mit einem Schlauch verhältnismäßig leicht abzusaugen. Es müssen ja auch nicht unbedingt alle Eier abgesaugt werden. Jene, die besonders gut haften, sind durchaus im Aquarium zu belassen. Selbverständlich wird das Männchen seine Eier vehement verteidigen. Solange aber nur der Schlauch das Objekt seiner Attacken ist, besteht kein Grund zur Sorge.
Wird auf das Übersiedeln der Jungfische in ein Aufzuchtaquarium verzichtet, so ist damit zu rechnen, daß sie im Laufe der Zeit den Eltern als Nahrung dienen. Einzig in sehr großen Aquarien besteht für einzelne Jungfische die Aussicht, den Nachstellungen größerer Piranhas zu entrinnen. Deshalb ist bei ernsthaften Zuchtversuchen kaum auf ein Aufzuchtaquarium zu verzichten. Für die erste Zeit kann ein Aufzuchtaquarium in der Größe von circa 200 bis 400 l Wasserinhalt vollends genügen.
Vor einer Übersiedlung ist unbedingt zu kontrollieren, ob die Wassergüte des Aufzuchtaquariums jener des Zuchtaquariums entspricht. Ansonsten könnte das gesamte Gelege Schaden nehmen.
Es ist vorteilhaft, wenn etwa die Hälfte des Wassers im Aufzuchtaquarium aus jenem des Zuchtaquariums besteht. Damit wird eine allzu große Schwankung in der Wasserqualität verhindert.
Das Einbringen eines Bodengrunds im Aufzuchtaquarium kann unter Umständen entfallen, was vor allem eine Erleichterung beim Erkennen und Absaugen von Verunreinigungen darstellt. Werden jedoch statt Jungfischen die Eier zum Schlüpfen in das Aufzuchtaquarium eingebracht, so ist ein Bodengrund eindeutig fehl am Platz. Im

*In der hier gezeigten Größe gelangen die jungen Piranhas,* Pygocentrus nattereri, *aus den Zuchtbetrieben in den Handel.*

Weiteren gilt es, jeweils die verpilzten Eier umgehend mit einer Pinzette zu entfernen. Die verpilzten Eier sind abgestorben und sind an ihrer weißlichen Farbe erkennbar. Ohne ihre Entfernung würden sie mit ziemlicher Sicherheit das gesamte Gelege verseuchen. Der Handel bietet gegen die Verpilzung der Eier geeignete Medikamente an. Ihr Einsatz birgt jedoch auch einige Risiken in sich. Zum Beispiel können schon kleinste Fehler in der Anwendung und Dosierung zu Schäden am Gelege führen. Wenn immer es möglich ist, ist deshalb auf solche Zusätze zu verzichten. Um den Jungfischen optimale Lebensbedingungen im Aufzuchtaquarium zu bieten, dürfen einige wichtige Vorkehrungen nicht fehlen. Beispielsweise sollte beim Verzicht auf einen Bodengrund der Aquariumboden nicht auf einer hellen Unterlage zu liegen kommen, die das Licht ungehindert reflektieren kann. Besonders geeignet wäre das Einbringen einer schwarzen Glasscheibe oder eines Materials mit ähnlichen Voraussetzungen für die Verwendbarkeit im Aquarium. Somit verfügen auch die Jungpiranhas über einen dunklen Untergrund, der für ihr Wohlbefinden sehr wichtig ist. Ergänzt wird diese Maßnahme durch viele Schwimmpflanzen und einer sehr schwachen Beleuchtung. Eine weitere

Möglichkeit wäre das Aufstellen einiger Tontöpfe, die – mit ausreichend Pflanzen versehen – den Jungpiranhas bei Gefahrensituationen den erforderlichen Schutz bieten. Überhaupt sollten geeignete Verstecke für den Jungpiranhaschwarm nicht fehlen. Bei der gewerblichen Zucht wird zwar auf solche Hilfen verzichtet, was jedoch im Heimbereich nicht unbedingt nachvollzogen werden muß. Ausgenommen sind natürlich Materialien, die aus wasserhygienischer Sicht bedenklich sind und zu starken Schwankungen in der Wasserqualität führen. Je nach Wassertemperatur (25 - 28 °C) schlüpfen die Jungfische nach zwei bis vier Tagen. Sie sind dann schon etwa 4 mm lang. Umgehend läßt dann auch die Bewachungsmotivation des Männchens nach, die im günstigsten Fall auch nur bis zum Freischwimmen der Brut anhält. Die Brut ist nun in ein Aufzuchtaquarium überzusiedeln, sofern dies nicht schon vorher mit den Eiern geschehen ist.
In den ersten drei bis fünf Lebenstagen ernährt sich die frisch geschlüpfte Fischbrut aus ihrem Dottersack. Nach etwa sieben Tagen können die kleinen Piranhas schwimmen. Jetzt besitzen die jungen Piranhas bereits eine Größe von 6 bis 8 mm und können mit feinstem Aufzuchtfutter gefüttert werden. Wie ihre Eltern machen die Jungfische mutig Jagd auf ihre erste Beute, wie beispielsweise auf winzige Salinenkrebschen. Bei ausreichender Fütterung wachsen die Jungfische überraschend schnell heran. Schon nach wenigen Wochen verfügen sie über eine Körpergröße von 2 cm und können mit allerlei Wasserinsekten oder Wasserflöhen ernährt werden. Haben die jungen Piranhas erst einmal diese Körpergröße erreicht, so bereitet ihre weitere Fütterung immer weniger Probleme. Gierig schnappen sie nach allem, was im Wasser herumschwimmt, sofern die Futtertiere, ihrer eigenen Größe entsprechend, nicht allzu groß sind. Selbst Trockenfutter wird hier und da angenommen. Für ein gutes Wachstum sind vor allem tierische Eiweiße und Fette in Form von Frischprodukten anzubieten.

**TIP: Generell ist zu sagen; mehrmals am Tag verabreichte Futtergaben sind für ein schnelles Wachstum förderlich.**

Ein gutes Wachstum gewährleisten beispielsweise Schlammröhrenwürmer, *Tubifex*, und kleingeschnittenes oder geschabtes Rinderherz und vor allem Fischfleisch. Um dagegen die Wassergüte nicht übermäßig zu belasten, dürfen gerade diese Futtersorten nur in kleineren Mengen angeboten werden. Am besten verfüttert man pro Futtergabe nur so viel, wie unmittelbar gefressen wird. Einige Zeit später kann etwas größeres Lebendfutter, wie zum Beispiel Mückenlarven, das Futterangebot erweitern.
Interessanterweise ist bei der Nahrungsaufnahme junger Piranhas bereits die – für erwachsene Tiere typische – Schüttelbewegung für das Herausreißen der Nahrung zu beobachten. Obwohl diese Verhaltensweise beim angebotenen Kleinstfutter eigentlich noch gar nicht gebraucht wird, wird sie vollzogen. Anscheinend ist den Piranhas dieser arttypische Bewegungsablauf angeboren.
Mit zunehmendem Wachstum nimmt auch die Aggressivität stetig zu. Mit einer Körpergröße zwischen 1 und 2 cm, die etwa nach ein bis zwei Lebensmonaten erreicht ist, werden erstmals kleinere oder schwächere Artgenossen angegriffen. Jetzt macht es Sinn, die Jungfische nach ihrer Größe zu sortieren und in verschiedenen Aquarien großzuziehen.
Ansonsten dienen die kleineren Piranhas

*Piranhaaquarium mit vielen Versteckmöglichkeiten zwischen den Moorkienwurzeln.*

den größeren lediglich als Nahrung. Die silbrig glänzenden Jungpiranhas erhalten ihre schwarze Querbinde am Schwanzstiel nach ein bis zwei Monaten. Die für die Jungfische so typische Punktzeichnung entsteht nach dem zweiten bis dritten Lebensmonat. Kurze Zeit später färben sich auch die Körperunterseite und die Afterflosse zunehmend roter. Das Jugendkleid tragen die Jungfische bis zum Eintritt der Geschlechtsreife, bis dahin verblassen die schwarzen Punkte zusehends.

Die Piranhas benötigen sehr viel Platz und schnell wird das Aufzuchtaquarium zu klein sein. Der Transport und Verkauf wird um so schwieriger, je größer die Fische werden. Deshalb empfiehlt es sich, für die Piranhas mit einer Körpergröße von 2 bis 4 cm einen geeigneten Platz zu suchen. Entweder in größere Aquarien umzusiedeln oder vielleicht in den Handel zu geben.

Vergleicht man, wie verschiedenartig die

# Schlußbemerkung

Piranhas auf unterschiedliche Verhältnisse im Aquarium reagieren, mit Beobachtungen bei anderen Aquariumfischarten, so ist festzustellen, daß das Piranhaverhalten einiges an Überraschungen bereit hält. Jeder Piranhapfleger wird deshalb feststellen, daß seine Piranhas auf die eine oder andere Weise anders reagieren können, als es in diesem Buch beschrieben wurde. Die hier beschriebenen Grundlagen sollten es aber ermöglichen, auch dann richtig zu handeln. Die bei weitem nicht unbedingt nachvollziehbare Materie eines Piranhaaquariums ist das, was seine Faszination ausmacht.

In einem Aquarium werden nicht nur Fische gepflegt, sondern es ist auch ein komplexes System von Tieren, Mikroorganismen und Pflanzen, die alle in Abhängigkeit zu einem spezifischen Wasserchemismus stehen, zu beobachten. Auf sehr anschauliche Weise werden so der Energiefluß und Stoffkreislauf sowie die Nahrungsbeziehung zwischen den Lebewesen dargelegt.

Der Aquarianer lernt so ganz nebenbei viel Wissenswertes zum Thema Ökosystem. Nicht zuletzt wird hiermit auch das Bewußtsein für die eigene Umwelt geschärft.

Die Piranhas stellen nicht die unkontrollierbaren Killerfische dar, für die man sie gerne hält, obwohl sie zum Symbol für Kraft und Gefährlichkeit geworden sind. Sofern einige Sicherheitsmaßnahmen eingehalten werden, geht von ihnen keine Gefahr aus.

Die Piranhas gehören überhaupt zu den wundervollsten und in der Pflege ebenso dankbarsten Aquarienfische, die ein Tierfreund sich vorstellen kann. Schon nach kurzer Zeit wird der Pfleger sie völlig ins Herz schließen und kaum mehr hergeben wollen.

Jede Person, die zum ersten Mal Piranhas pflegt, empfindet eine gewisse Angst gebissen zu werden. Die Ängste weichen aber sehr schnell dem Respekt gegenüber einer Kreatur, die glücklicherweise auch noch in unserer aufgeklärten Zeit den Geist des Geheimnisvollen aufrecht zu erhalten vermag. Ein Anspruch, der wohl kein anderer Aquariumfisch kennt.

Der über Jahre andauernde Respekt vor der ungezähmten und doch majestätisch wirkenden Wildheit, aber auch das Wissen über die dazugehörende Trägheit der Tiere, zeichnet den wahren Piranhabewunderer aus.

Durch die offensichtliche Aufmerksamkeit, die Piranhas ihrem Umfeld entgegen bringen, die bei manchen Fischarten unmöglich scheint, entsteht beim Pfleger eine Beziehung zu den Fischen, die durch nichts erklärt werden kann!

Trotz aller Vorzüge ist der Erwerb von Piranhas eingehend zu überdenken. Schlußendlich bleiben sie bei noch so guter Pflege Wildtiere, deren Bedürfnisse aus der Natur entstammen. Niemand sollte Piranhas aus Gründen menschlicher Selbstdarstellung erwer- ben, hierfür sind sie völlig ungeeignet. In solch einem Falle würden sie dem Pfleger mehr Aufmerksamkeit abverlangen, als dieser zu erfüllen in der Lage wäre.

**Am Ende – doch nicht zuletzt – gilt der Dank den zoologischen Gärten Basel und Zürich für ihre großzügige Unterstützung bei der Zusammenstellung dieses Buchs. (Der Inhalt dieses Buchs muß aber nicht zwingend mit den Ansichten beider Institutionen übereinstimmen.)**

*Mancher Europäer kennt die Piranhas nur in Form solcher fragwürdigen „Urlaubs-Mitbringsel" – eigentlich ist das schade, denn lebende Piranhas haben weit mehr zu bieten, um als Fischmumie unseren Wohzimmern einen „Hauch des Verruchten" zu verleihen.*

# Literaturverzeichnis


Bergleiter, S. 1994. Die Salmler Amazoniens. DATZ 47(11), S. 698-706.

Brünner, G. et al. 1980. Kosmos-Handbuch Aquarienkunde. Das Süsswasseraquarium. Stuttgart.

Fink, W. L. 1993. Revision of the Piranha Genus *Pygocentrus* (Teleostei, Characiformes), Copeia (3), 665-687.

Géry, J. 1994. Neuere Fortschritte in der Systematik der amazonischen Salmler. DATZ-Sonderheft (Okt.), 40-44.

Gonella, H. 1995. Faszination Piranhas. Ruhmannsfelden.

Grzimek, B., Géry, J. et al. 1970. Grzimeks Tierleben, Enzyklopädie des Tierreiches. Fische 1 (Vierter Band). München.

Honegger, R. 1971. Die Zucht von *Serrasalmus nattereri* (Kner, 1859). Aqua Terra 8(3), o. S.

Krause, H. J. 1990. Handbuch Aquarienwasser. Ruhmannsfelden.

Lüling, K. H. o. J. Südamerikanische Fische und ihr Lebensraum. Wuppertal.

Quinn, J. R. 1992. Piranhas, fact and fiction. T.F.H. New Jersey, USA.

Riehl, R. & Baensch, H. A. 1983. Aquarien Atlas Band 1. Melle.

Riehl, R. & Baensch, H. A. 1985. Aquarien Atlas Band 2. Melle.

Riehl, R. & Baensch, H. A. 1990. Aquarien Atlas Band 3. Melle.

Schmidt, J. 1998. Salmler. Faszination Aquarienfischzucht. Ruhmannsfelden.

Schulte, W. 1982. Piranhas. Lehrmeister Bücherei. Minden.

Wirz-Hlavacek, G. & K. 1991. Piranhazucht im Zoologischen Garten Basel. Zeitschrift des Kölner Zoo (4), 143-147.

Wirz-Hlavacek, G. & K. 1991. Lautproduktion bei Piranhas: Beobachtungen zu natürlichen Lautäußerungen bei *Pygocentrus altus*. Zeitschrift für Fischkunde 1(1), 27-38.

Wirz-Hlavacek, G. 1994. Piranhas, Fortpflanzungsbiologie und Beobachtungen zur Lautproduktion. DATZ 47(12), 760-766.

*Ihr Hobby*

# Terraristik

**Die besonderen Bücher für den ambitionierten Tierhalter.**
Alle Titel sind mit 80 bis 120 Abbildungen reich bebildert und werden dank des exklusiven, hochglänzenden FotoFinish zum wahren Augenschmaus.

ISBN 978-3-8001-6764-7

ISBN 978-3-8001-6765-4

ISBN 978-3-8001-6763-0

ISBN 978-3-89860-084-2

ISBN 978-3-933646-16-3

ISBN 978-3-933646-20-0

ISBN 978-3-933646-15-6

ISBN 978-3-933646-39-2

*Viele weitere Themen lieferbar –*
*Fordern Sie unverbindlich unseren Gesamtprospekt an!*

**bede** bei Ulmer

Verlag Eugen Ulmer • Wollgrasweg 41 • 70599 Stuttgart
Tel. 0711 4507-121 • Fax 0711 4507-120
info@ulmer.de • www.bede-bei-ulmer.de